JN130346

一般社団法人 近畿化学協会 編

化学同人

はじめに

近畿化学協会（通称キンカ）は、今からちょうど一〇〇年前にわずか一〇〇名ばかりの会員により設立された化学者のサロンです。今では大きな団体に育ちましたが、通常の学協会とは異なり、専門の学会活動を主体としていません。化学をベースにして、多方面の、たとえば、経済学、文学、心理学、哲学、人類学など多様な分野に興味をもった会員が集ってともに切磋琢磨する「道場」のような雰囲気があります。そのキンカが一〇〇周年を迎えるにあたり、キンカ構成員の自己紹介ともいえる『化学のしごと図鑑』の出版を企画しました。

化学に関心をもっているみなさんにとって、化学は将来どんなしごとに活かせるのか、資料がなくて悩ましく思ったことはないでしょうか。この企画はそれにこたえるひとつの指針書といえるものです。

ところで、「しごと」って何でしょうか？　この本に登場する「しごと」は、英語で言えば、〝Work〟とか〝Job〟ではなく、〝Profession〟に相当します。TV番組の『プロフェッショナル 仕事の流儀』に登場する専門家たちの〝Professional〟や「大学教授」を指す〝Professor〟も同じ語源です。〝pro-fess〟とは、「（神の）前で・宣誓する」という意味だそうです。「聖職」のニュアンスも含まれているようです。

したがって、この本は、〝Work〟や〝Job〟を探すためにどうすればよいか、といったいわゆる「How to 本」とは少しその趣旨が異なります。

「化学」という「専門」がベースにあれば、その上に別の分野の知識を身につけることでいろいろな内容のしごとがあること、そして、そのおもしろさとやりがいをみなさんに紹介するために編纂されています。

最初から順に読み進む必要はありません。自分が興味をもった職種からページを開いてください。でも、化学のバラエティーに富んだ側面もぜひ味わってほしいので、全部に目を通していただければうれしく思います。各執筆者がプロフェッショナルとして真摯に、かつおもしろがってしごとにとりくむ様子を理解してもらえると信じています。そして、みなさんが「専門としての化学」をいっそう好きになってくだされば望外の幸せです。

（一般社団法人 近畿化学協会会長　江口太郎）

もくじ

Ⅰ 教育・研究関連のしごと 7

Ⅱ 企業での研究開発のしごと 33

コラム 化学のしごとを考えている若いあなたへ

Ⅲ 企業での製造・販売・管理のしごと 75

Ⅳ マスコミ、その他専門職のしごと 109

※本書に登場する方々の所属・担当・役職などは刊行当時のものです。

この本の読み方・使い方

この本は、「化学を学びたい」あるいは「化学を学ぶかどうか迷っている」という中学生、高校生（大学生）などのみなさんが、化学を学んだあとにどんなしごとに就けるかを知ってもらえるように構成しています。進路を選ぶとき、何を学びたいかはもちろん大事ですが、将来どんなしごとに活かせるのかも、重要なファクターになるのではないでしょうか。

大学・企業の研究職から、販売・管理、その他の専門職まで、実際にさまざまなしごとに就いている30人の先輩方の生の声を紹介していますので、興味のあるしごとからページをめくってみてください。

● それぞれのしごとについて、4ページで紹介しています ●

そのしごとに就くためにどうすればよいかのアドバイスもあります。ぜひ参考にしてください。

毎日しごとで何をしているかがわかるよう、ある1日と1週間に実際にしたことを紹介しています。

そのしごとの特徴を5つの観点からチャート図で表してみました（あくまで目安です）。

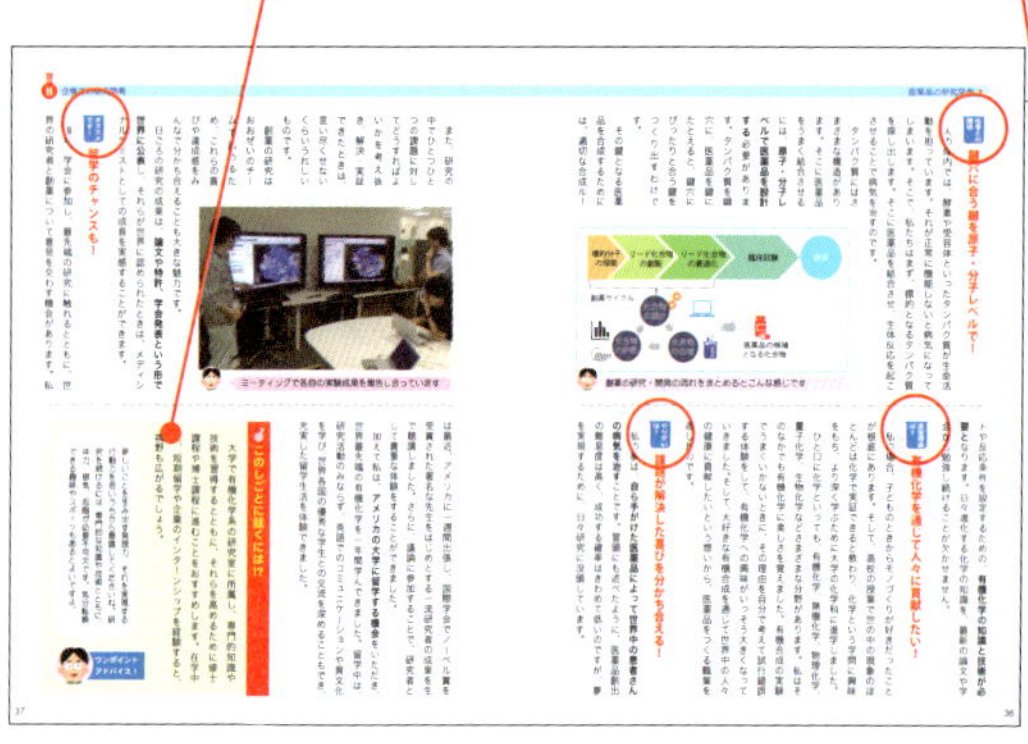

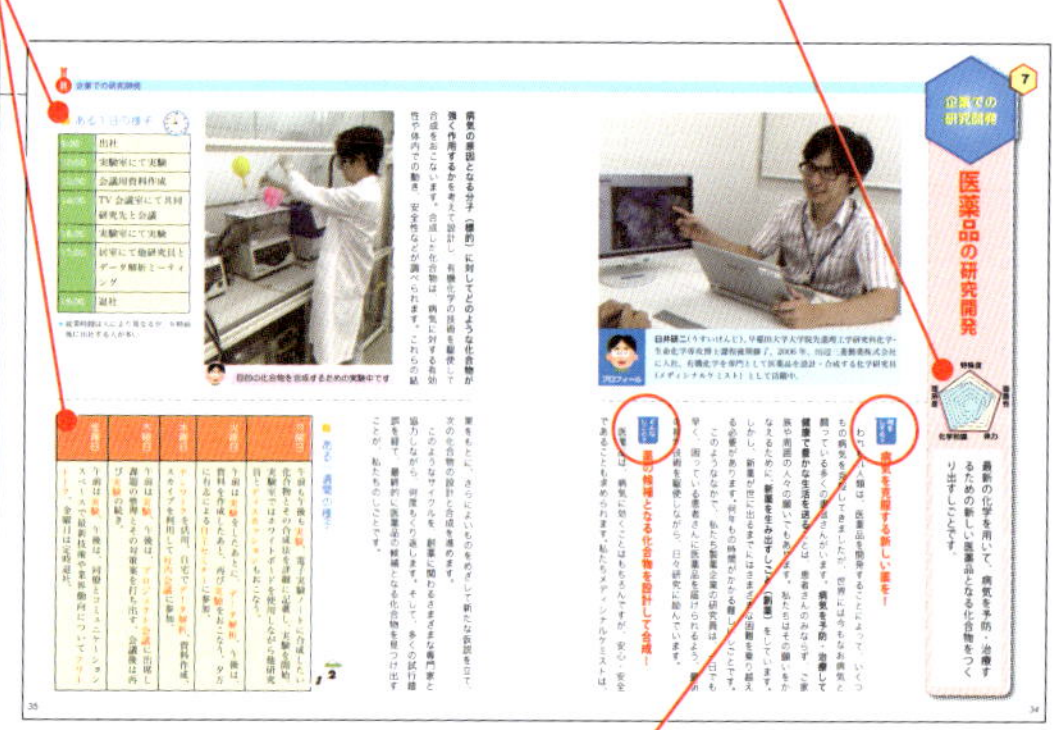

次のような項目でしごとを紹介しています

何をしてる？ 何をめざし、どんな役割を果たしているしごとなのか。

どんなしごと？ 何を担当し、具体的にどんな作業や活動をしているか。

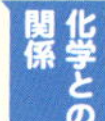

化学との関係 そのしごとと化学はどんな結びつきがあり、どう活かされているか。

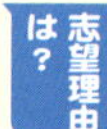

志望理由は？ なぜそのしごとに興味をもち、どうやって就職することになったか。

やりがいは？ しごとで、どんなやりがいを感じたり、喜びを体験したりしたか。

おススメです！ 最後に、読者のみなさんにぜひ伝えておきたいこと。

第Ⅰ部

教育・研究関連のしごと

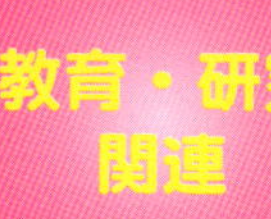

教育・研究関連

大学教員（実験系）

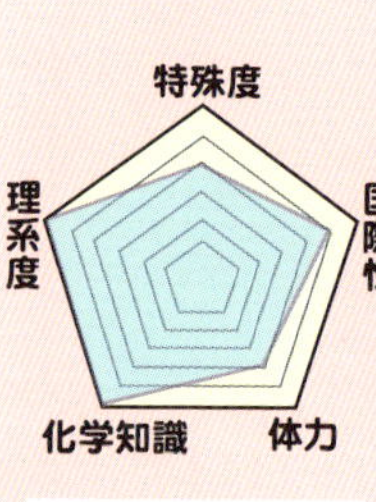

理工系の大学と大学院で、有機化学などの授業をおこなったり、有機化学の手法を用いた生命現象解明の研究をしています。

プロフィール

藤本ゆかり（ふじもとゆかり）。大阪大学理学部化学科卒業。博士(理学)。総合化学会社で約10年勤務後、米国コロンビア大学に留学。名古屋大学研究員、大阪大学助手・講師・准教授を経て、2014年より慶應義塾大学理工学部教授。

何をしてる？

大学・大学院で化学を教える！

大学の理工系学部の教員として、理工学部化学科と大学院理工学研究科に所属し、有機化学、生物有機化学、ケミカルバイオロジーを中心とした研究・教育をしています。

大学教員のしごとは、大きくは、だいたい次の三つに分けられるかと思います。

① 教育
② 研究
③ 研究教育に関する企画・運営的なしごと

どんなしごと？

授業や指導とともに、研究で新発見を！

「教育」に関わるしごととしては、学部および大学院の授業を週に2回程度（1回は90分。授業によって1クラス30名～250名ぐらい）と学生実習（化学実験）の一部を担当するとともに、複数の教員で協力し、カリキュラムの検討や科目の担当もおこなっています。

また、主宰している研究室（学部4年生や大学院の修士・博士課程学生、若手教員、他学部や製薬会社からの非常勤研究員が所属）において、**専門分野の教育、実験指導、研究の進め方や論文の書き方などについての指導をおこなっています。**

ある1日の様子

9:30	出勤、研究室メンバーと予定確認、実験アドバイス
10:30	化学科３年生の有機化学の講義
13:00	大学院の専門分野ごとの代表者会議に出席
15:00	研究テーマに関する進捗状況と方針について学生とディスカッション
18:00	翌日開催される学会での講演のため新幹線で移動

教室で授業をしている様子です

「研究」については、研究室所属の学部生、大学院生やスタッフと一緒に、**有機化学、ケミカルバイオロジーの分野で新しい発見をめざしています**（専門的にいうと、免疫調節作用のある複合脂質・糖質の合成と機能解析の研究です）。

国内外の他の研究室とも共同研究しながら、環境中や生体内に存在する分子の形や性質によっていかに生体防御のシステムが調節されているかを、化学の立場から解明しています。

ある一週間の様子

月曜日	午前は、週末に来た依頼事項への対応。午後は、大学院関連の会議のあと、研究室全員が集まり文献紹介および研究報告セミナー。
火曜日	午前は研究予算に関する打合せ。午後は学内で留学生交流国際シンポジウムに参加。夕方は、翌日の学会出席のため移動。
水曜日	国内で開催された国際学会に参加する。ちょうど学会に参加している海外の共同研究者と打合せ。午後は自分の講演をおこなう。夕方に移動。
木曜日	午前は理工学部3年生科目の講義。午後は大学院科目の講義。合間に大学院運営関連の打合せなど。
金曜日	午前は、海外出版社に投稿した論文についてのコメントに対し、ウェブ上で資料をアップロードして説明する。午後は、学生が発表予定の学会発表の要旨について内容確認とディスカッション。

化学との関係　企業での研究と大学での研究の違い！

得られた研究成果については、**論文や学会で発表するとともに、特許出願や企業との共同研究をおこない、創薬研究などの産業利用へも展開しています。**

会社での研究は、具体的な商品を想定した新製品開発や既存製品の改良などをおこなうことが多いですが、**大学での研究は、広く世の中で使ってもらえる基礎的な科学的現象の発見・解明や技術開発をおこなうことが多い**のが、会社と異なる点だと思います。

「教育・研究に関する企画・運営的なしごと」としては、大学あるいは所属学会、政府関連組織、学術出版などに関連したしごとがあります。国内だけでなく海外の大学教員・研究者と共同でおこなうこともよくあります。

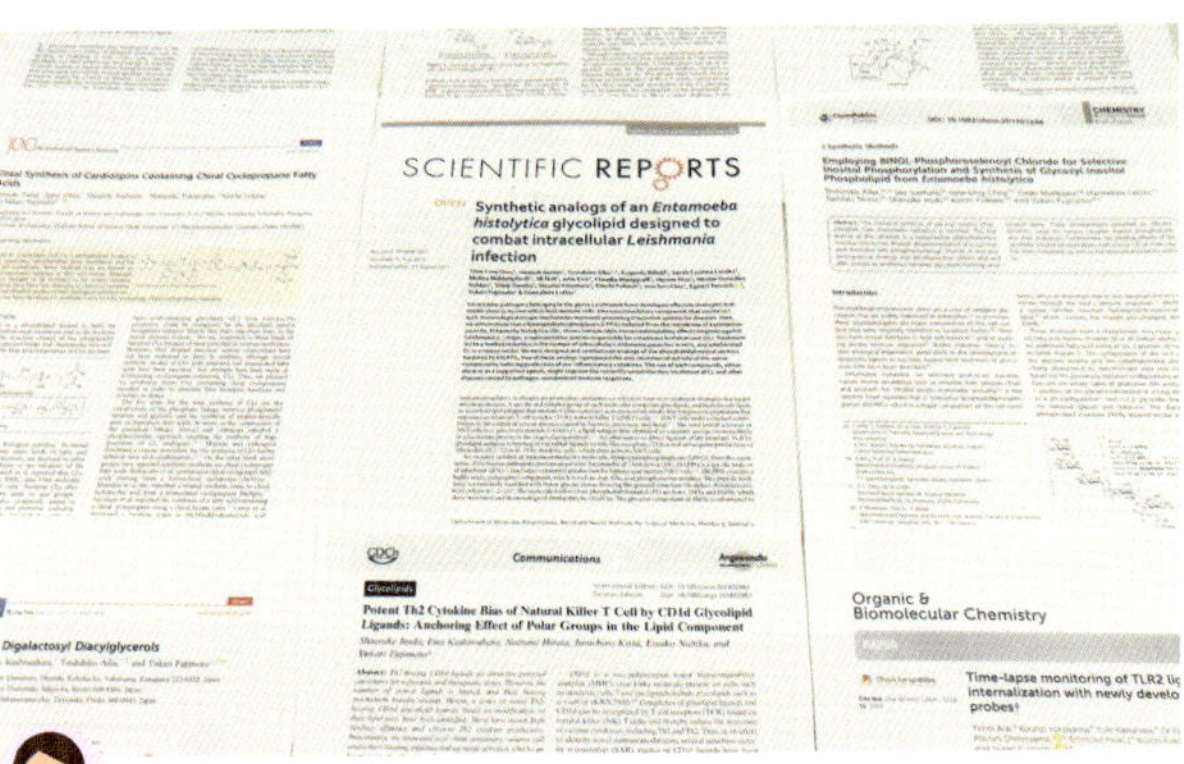

研究の成果は英語論文として出版します

志望理由は？　企業で働いたあと大学教員に！

私は子どものころ、「いろいろ混ぜること」が好きでした。そのころの影響か、有機化学で化合物をつくることが楽しくて、研究をしごとにしたいと思いました。新しい分子をつくり出したり、小さな分子の構造や性質の違いによって身近な現象を説明できたりすることが楽しかったのです。

ただ、私の場合は（他の教員の方と少し異なり）、卒業直後は会社に就職し、有機化学の研究所で、新規表示材料の開発や医薬関連化合物の開発などを約10年間おこないました。その後、米国の大学への留学や、博士の学位取得などを経て、大学教員の職につくことになりました。

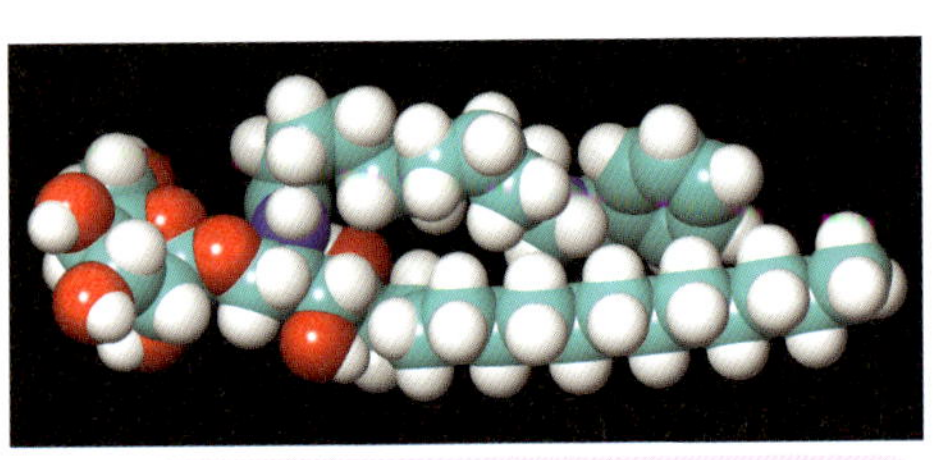

私たちが発見した免疫調節性の糖脂質です

有機合成実験の様子です

やりがいは？

卒業生の活躍も励みに！

研究は、新しいことに挑戦するほど失敗が続き、うまくいかないことも多いものです。

しかし、**世界中でほかに報告がない、誰も気がついていないことを発見して、実験的に証明できたときは、とてもわくわくします。**世界の多くの人に使ってもらえそうな合成方法、新しい免疫調節性の化合物、あるいは、難病の患者さんのための薬につながる可能性のある化合物を見つけたときなど、たいへんうれしいものです。

また、卒業生がさまざまな会社や大学、官公庁など、いろいろなところでがんばっていて、ときどき近況を知らせてくれることも大きな励みになっています。

研究セミナーでディカッションしているところです

オススメです！

日本の化学分野は世界でもトップレベル！

化学分野は、日本が世界のなかでがんばっている分野のひとつだと思います。ほかの国の研究者と競争する一方で、**学会などで海外の研究者と会う機会には、食事やお酒をともにしながら議論することも多く、**いろいろな国の友人が増えていっています。

日ごろのしごとでがんばった分、海外の友人が増えていくのは、研究者であることの楽しい面のひとつかなと思います。

このしごとに就くには⁉

化学のような理系分野で大学教員になるためには、大学院博士課程を修了し、博士の学位を取得することが必要です。そのあと、若手教員や研究員の募集に応募し、採用されて、研究・教育を始め、少しずつ経験を積んでいくことが一般的です。

日本は化学関連産業が強く、大学も化学分野をもつところが多いです。革新的な材料や分子に関する発見が他の技術を進歩させることもあるので、自動車、電機、バイオ関連など他分野・境界分野でも、化学の知識が必要とされます。化学者の活躍の場は広いと思いますよ。

大学教員（理論系）

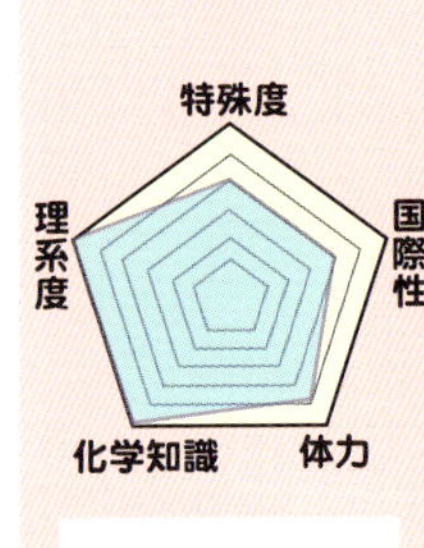

コンピュータを使って原子や分子の動きを計算することで、物質の本質を解き明かす「理論化学」の研究と教育をしています。

プロフィール

岡崎 進（おかざきすすむ）。京都大学大学院工学研究科博士課程修了。通産省工業技術院（当時）大阪工業技術試験所研究員、東京工業大学大学院総合理工学研究科助手、助教授、分子科学研究所教授を経て、現在、名古屋大学大学院工学研究科教授。

何をしてる？

実験をせず計算で物質の本質をつきとめる！

私は、理論や計算を用いた化学の研究に携わっています。**実験はせず、ニュートンの運動方程式やシュレーディンガー方程式など、分子に対する明快な原理方程式だけから出発します。**紙と鉛筆だけでなく、巨大なスーパーコンピュータを駆使しながら、多くの分子が集まってできているさまざまな物質をコンピュータの中に再現するのです。そして、その物質の構造や動的な性質を研究します。

これにより、物質のふるまいにひそむミクロな分子機構を解明し、その本質をつきとめることをめざしています。少し違う言い方をすれば、実験なしで、分子の種類だけから物質や材料の化学的・物理的性質を予測する方法を確立していくしごとだといえるでしょう。

理論計算にもとづくと、物質のミクロなふるまいを直接観察することができます。実験では不可能です。それによって、物質や材料に対する理解をぐっと深化させることができます。場合によっては、実験に先んじて研究を進めることも不可能ではありません。

どんなしごと？ **研究現場のまとめ役！**

研究は、テーマごとに、学生とポスドク（博士研究員）と若手教員、そして私で研究グループをつくり、組織的に進めています。

具体的な手法は、**スーパーコンピュータを使って、分子ひとつひとつの運動方程式を解いていくと**いうものです。それによって、たとえば、ミセルや生体膜、またタンパク質など、たくさんの数の分子が集まってできている分子集合体の構造や動力学、物質の機能などを明らかにしていきます。このような方法は、「分子動力学法」もしくは「全原子シミュレーション」とよばれています。

対象がウイルスなどの場合、**扱う原子の数は一千万個を超え、「京」コンピュータのようなスペックが必要となります。**教授である私は、現場でプログラムをつくったり計算機を

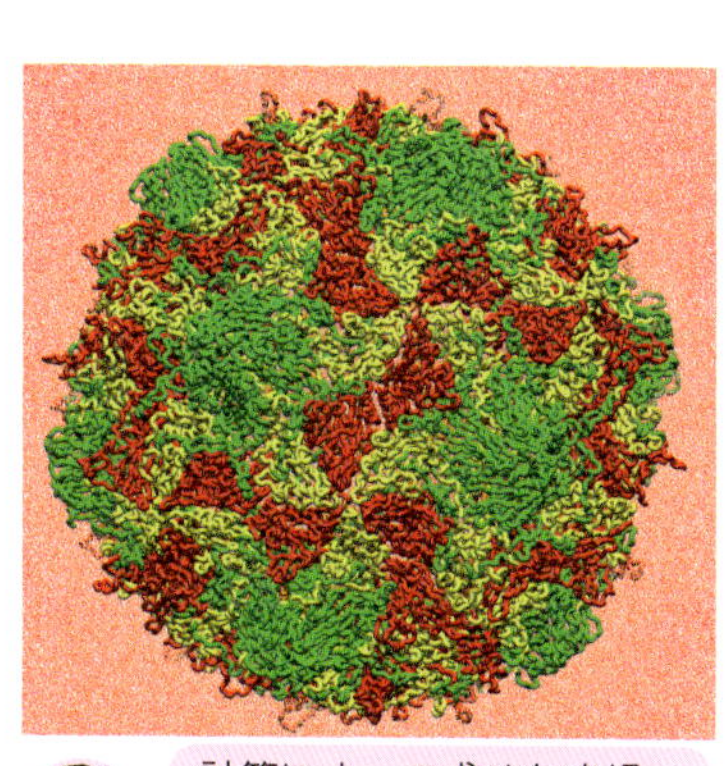

計算によって求めた小児マヒウイルス粒子の構造です

ある１日の様子

8:30	登校 投稿論文修正、雑用
10:00	グループディスカッション
13:30	グループディスカッション
15:00	投稿論文訂正打合せ
15:30	プロジェクト事務局打合せ
17:00	雑用
19:00	研究方向性についての議論
21:00	帰宅

ある一週間の様子

月曜日	午前はグループディスカッション。午後は、ソフト開発外注についての打合せなど。
火曜日	午前は講義。午後は、関わっているプロジェクト事務局の打合せ。
水曜日	グループディスカッション、研究会、雑誌会、そして再びグループディスカッション。
木曜日	共同研究（大学関係）の打合せ。続いて、共同研究（企業関係）の打合せ。その後、グループディスカッションと、学内センター運営委員会。
金曜日	午前は教室関係会議。午後は グループディスカッションなど。
土曜日	終日、自己研鑽（雑用や勉強など）。

動かしたりしているわけではなく、取りまとめ役のようなものです。もちろん最初の研究企画や、行き詰まったときの解決策などを指導するのは私の責任ですが、日常的には若手に任せています。

化学との関係

ウイルスの全原子・分子の計算から！

私の研究は、分野でいうと「物理化学」になります。そのなかでも、「理論化学」「計算化学」とよばれている領域です。

最近は、これまでとうてい扱えなかったような巨大な系へと研究を展開してきています。ウイルスも、その研究対象のひとつです。**ウイルス1個を構成する原子・分子すべての軌跡を解析することにより、感染の初期過程などについて詳細に解析していきます。**

また、ここ3～4年は、高分子やゴムにも力を入れています。高分子は系が大きく、計算化学が最も苦手としていた物質系です。しかし、近年のスーパーコンピュータの驚異的な発展によって、新たに開拓されてきている分野です。

理化学研究所のスーパーコンピュータ「京」も使います

このような分野では、化学だけではなく、物理や生物の先生方とも一緒に議論を進めています。ウイルスについては、医学分野の先生方と共同研究しています。また、情報工学の人たちとも深い交流をもっています。

志望理由は？

やりたいことがしごとになる！

私が研究者をめざしたのは、かっこよくいいすぎかもしれませんが、**どのようなレベルであれ、とにかく価値を創造することがしごとであり、やりがいのある職業だと思ったからです。**湯川秀樹の随筆が影響しています。学生時代、お金にはたいして興味をもちませんでした。この考えは現在も変わりません。

また、私が学生だったときは、研究者が社会的に尊敬されている職業であったのは確かです。このことも研究職をめざした動機として否定できません。

自分がやりたいことをやって、それがしごととして成り立っているという数少ない職種だと思います。いい意味で、楽しい趣味を職業にできていると思っています。とてもしんどいしごとではありますが、楽しみでもありますので、夜昼、週末問わず、しごとをするのはあまり苦になりません。

やりがいは？ 深夜や早朝に目を覚ますことも！

研究がうまくいったときはうれしいものです。ひとつのテーマがうまくいくまでに、最低3～4年はかかります。5年かけているものもあります。それまでは若い人もたいへんですが、私もたいへんです。年齢のせいかもしれませんが、深夜や早朝によく目を覚まします。そして、悶々と考え始めます（研究者はみなさんそうだと思うのですが）。

実験とは異なり、理論や計算には偶然の神は存在していません。**すべて論理が支配します。**喜びは苦労に比例すると昔からよく言われますが、学生にもっと苦労するように言ってさも楽しみのひとつだと思うのですが、これは年寄りの偏固でしょうか。そんな愚痴っぽいことを言いながらも、**研究がうまく進んで、若い人の表情が明るくなると、やはりいい気分になりますね。**

研究室でのグループディスカッションです

オススメです！ 無限の可能性がある！

大学のポストは必ずしも多くはないのですが、ぜひ、大学教員をめざしてがんばってください。しんどいですが、楽しい職業です。それこそ無限の可能性があると思います。

このしごとに就くには⁉

法的に定められた資格はありませんが、一般的に、博士号を取得しておく必要があります。さらに、大学のポストを得るために最も重要なのは、論文としての研究業績です。いい雑誌にいい研究を発表することが求められます。ただし、どのような研究がいい研究かは一律に決まってはいません。自分で考えて実践し、主張してください。ただし、博士号取得後にいきなり終身雇用の教員になることは少なく、最初は任期制の博士研究員として研究に従事し、修行するのが一般的です。その後に、助教なり准教授なり、終身雇用制のポストを獲得することになります。

分野によるのかもしれませんが、自然科学は運や情緒ではなく、論理だと思います。国語と数学をしっかり勉強しましょう。

3

教育・研究関連

研究所の研究員

増永啓康（ますながひろやす）。東京工業大学大学院理工学研究科博士後期課程を修了後、北九州産業学術推進機構にて博士研究員となり、2009年に高輝度光科学研究センターに就職。小角X線散乱法を利用した高分子材料の構造評価と手法開発をおこなっている。

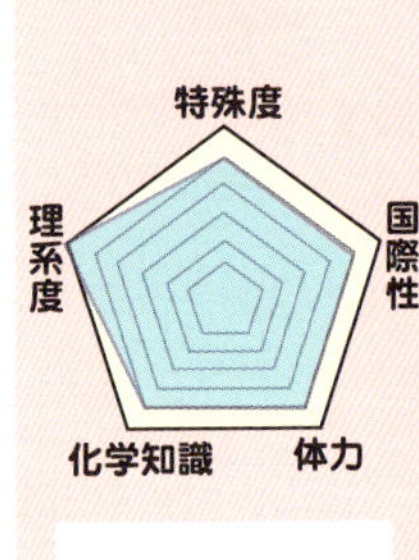

大型実験施設をもつ研究所で、世界中の研究者がおこなう実験をサポートしたり、研究手法・装置を開発したりするしごとです。

何をしてる？

世界中の科学者が実験に来る！

日本、世界にはさまざまな研究所があります。そして、それぞれの研究所では、新しい科学技術・物質の開発、発見にとりくんでいます。そのなかで、私が勤務する高輝度光科学研究センターは、理化学研究所が所有する大型放射光施設SPring-8（スプリングエイト）の管理・運営をおこなっています。

SPring-8では、放射光を利用してさまざまな実験がおこなわれています。放射光とは、電子を光とほぼ等しい速度まで加速し、磁石によって進行方向を曲げた際に発生する強力な電磁波です。それによって、**大学や会社などの実験室ではできない規模の大きな実験をすることができます。**

SPring-8には、60ヵ所ほどの実験できる場所（「ビームライン」といいます）があります。さまざまな材料の構造や性質などを調べるために、**世界中の研究者（ユーザー）が実験をしに来ます。**

ある1日の様子

9:00	出勤 居室にてメール チェックなど
9:40	ビームラインにて ユーザーの実験作業
10:00	ユーザーのサポート
14:00	新しい実験装置をつくるための調査・検討
18:00	帰宅

SPring-8 は兵庫県の播磨地方の山側に存在し、周長 1.6 km の蓄積リングを有しています。このリング状の建物の中で働いています

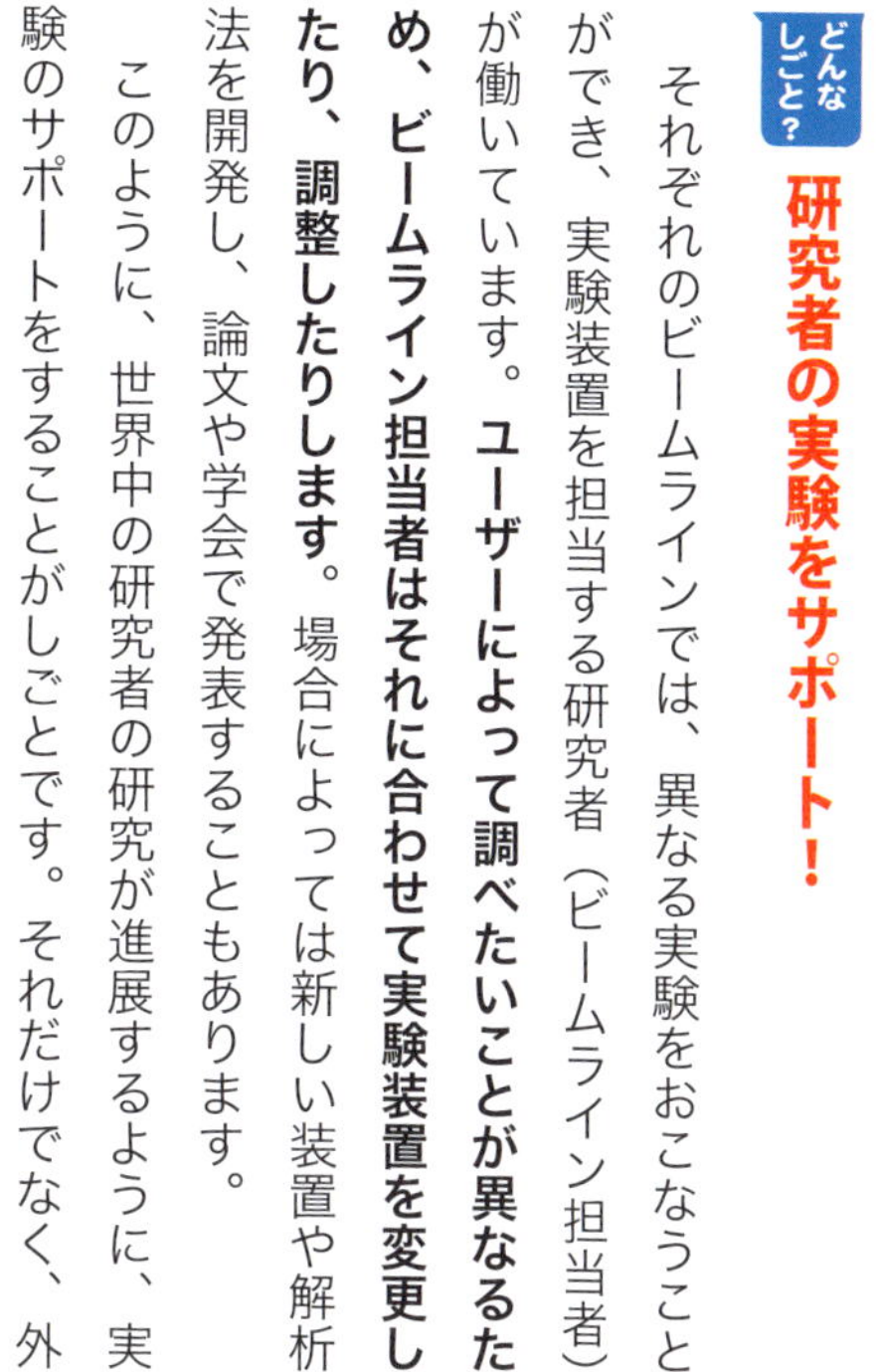

どんなしごと?

研究者の実験をサポート！

それぞれのビームラインでは、異なる実験をおこなうことができ、実験装置を担当する研究者（ビームライン担当者）が働いています。**ユーザーによって調べたいことが異なるため、ビームライン担当者はそれに合わせて実験装置を変更したり、調整したりします。**場合によっては新しい装置や解析法を開発し、論文や学会で発表することもあります。

このように、世界中の研究者の研究が進展するように、実験のサポートをすることがしごとです。それだけでなく、外

ある一週間の様子

月曜日	ビームラインにて装置の設置および調整をおこない、翌日からの実験に備える。
火曜日	ユーザーがおこなう実験のサポート。
水曜日	午前はユーザーがおこなう実験のサポート。夕方に、別の実験ができるように装置変更。
木曜日	午前はユーザーがおこなう実験のサポート。大学などの研究者と他のビームラインにて共同で実験。
金曜日	木曜日から連続で朝まで実験したあと、帰宅。
土曜日	ユーザーがおこなう実験のサポート。

部の研究者と共同で、新しい材料の構造を調べるために、**新しい装置や実験手法を考えたりするしごともしています。**

蓄積リングの周りに 57 のビームライン〔写真中の建物のような部分（ハッチ）〕があり、さまざまな実験がおこなわれています。それぞれのビームラインは数十 m の長さがあり、実験に応じて数多くの機器が設置されています（写真提供：RIKEN）

化学との関係

さまざまな実験に対応できるように！

ビームラインには、ユーザーが希望する実験ができるようなさまざまな設備があります。私たちはその装置の調整をおこない、ユーザーが希望する実験ができるようにします。その調整のためには、機械の特性を把握しておくことや、機械を制御するためのソフトウェアの知識が必要となります。

ユーザーがおこないたい実験内容や試料はさまざまであり、常に新しい手法や装置の開発を考えておかないと、ユーザーの要望に応えることができません。そのためには、自分自身で材料に関する実験をおこなうとともに、学会や研究会などに参加し、材料分野の新しい知識を入れることも重要となります。ユーザーが取り扱う材料の分野では、どのようなことがわかることが要求されているかを常に追いかけることが重要なのです。

志望理由は？

この分野で働きたい想いが運よく実現！

日本にはさまざまな研究所がありますが、それぞれ研究している内容が異なります。研究所は一般的な大きな会社とは異なり、就職後に部署が決まり所属するということはほとんどありません。所属部署（専門分野）がすでに決まっており、それをおこなうことのできる人を探すという形の就職がほとんどとなります。

そのため、研究所で働くには、働きたい研究所に就職活動をするという形ではなく、**自分の興味がある分野のしごとができる研究所の応募を探すという形になります。**

私は、大学および大学院では、高分子化学を専門として勉強してきました。卒業後に博士研究員として大学の先生と一緒に SPring-8 で実験する機会があり、小角X線散乱の原理とその装置についての勉強をすることができました。運よく、高分子材料分野のビームラインをつくるという話があったこともあり、SPring-8 にて職員を募集しており、タイミングよく就職できました。

SPring-8 で働きたいという強い意志があり志望したというよりも、漠然とこの分野で働きたいという想いのまま、働いているという感じです。

やりがいは？ わからなかったことが明らかになる瞬間！

現在のしごとで最もやりがいを感じたのは、ビームラインを使用したユーザーから、「今までわからなかった構造を初めて知ることができた」とのコメントをもらうことができた瞬間です。

装置がまったく何もない状態からビームラインの建設に携わることになり、多くの人からさまざまな助けをもらいながら、小角X線散乱測定ビームラインの完成にこぎつけることができたのもうれしかったのですが、それ以上にユーザーから前述のコメントをもらうことができ、**「わからないことを明らかにする」という科学の基本の一端に携わることができたことが、やりがいを感じた理由だと思います。**

オススメです！ 世界でも有数の研究所！

SPring-8 という、放射光を利用した研究施設は、世界でも有数の研究所であり、国内外問わず、毎年のべ1万6千人もの研究者（ユーザー）が実験をしに来ます。いつでも見学することができます。また年に一度、施設公開というイベントもあり、ふだんは見ることのできない装置や場所を見学することもできます。

このしごとに就くには⁉

大学や企業などで材料の構造を調べる研究をおこない、博士号を取得していることが好ましいです。研究所は会社とは異なり、決まった時期（4月）に入社ということは少ないので、募集情報に気をつけておきましょう。

実際にこのしごとをおこなうためには、体力と根気が必要となります。研究者というと頭を使うしごとのように思われますが、意外に体力を使うことが多いですよ。

4

教育・研究関連

中学校・高校の理科教員

プロフィール

山口舞子（やまぐちまいこ）。筑波大学大学院理工学研究科修士課程を修了後、2000年、桐朋女子中・高等学校に理科（化学）の教員として赴任。現在に至る。10歳の女の子と7歳の男の子の2児の母。

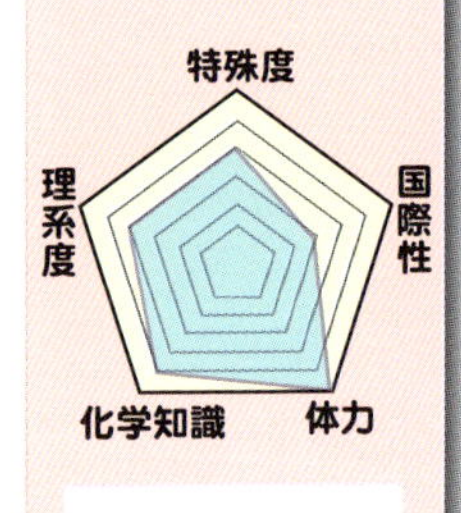

授業で化学を教えたり、クラブ活動の顧問をしたり、学校広報のしごとをしたりして、中学生・高校生の成長を支えています。

何をしてる？ 人を育てる場で生徒と関わる！

教員は、子どもの成長の一端を担うしごとだと思っています。社会を担う「人」を育んでいくことが学校の役割で、学校には、人が育つ「場」がたくさんあります。教員は、そのさまざまな場を活用して、生徒たちと関わっています。

そのなかでも、授業は、最も大きなもののひとつです。授業では、化学を知ってもらうことはもちろんなのですが、それだけではなく、**生徒自身が自らわかろうとし、前に進んでいく力をもつことができるよう意識しています。そして、その先に世界が広がっていくように心がけています。**

どんなしごと？ 授業、実験、クラブ活動から広報まで！

今は、高校1、2、3年生の化学の授業を担当しています。今年度は高校生ばかりですが、中学生の授業を受けもつこともあります。

教室での授業だけでなく、実験をおこなうことも多いので、

授業や実験の準備はもちろんのこと、化学科のメンバーと協力して、器具や薬品を管理することもしごとのひとつです。

クラブ顧問は、新体操部を担当しています。技術的なことは専門のコーチが教えてくれますので、顧問の私は、物品購入や金銭の管理、大会登録、さまざまな手続きなど、部活の運営を支えるしごとをしています。ですが、**いちばんのしごとは、部員たちが毎日一生懸命活動している姿を見守り、応援することかもしれません。**

また、昨年度までは、クラス担任をしていましたが、今年度は「教務」という部署に所属することになりました。そのなかでは、学校の広報活動をする委員をしたり、ホームページの更新やパンフレットの制作に携わったりしています。大まかにいうと、さまざまなツールを使って、学校のことを外部の人に伝えるしごとをしています。

ある１日の様子

7:50	出勤 メールチェック
8:00	朝の打合せ準備
8:15	職員室で朝の打合せ
8:50	授業（高校３年生）
10:40	授業（高校２年生）
11:30	学校ＨＰのアップ、広告の校正など
12:50	クラブのミーティング
13:20	授業（実験）準備、提出物のチェック
16:30	翌日の学校説明会の準備
18:30	退勤

化学との関係

基礎をもとに自分で考えられるように！

化学の授業をしていますので、直接的に化学と関わっているしごとであるともいえますが、中学・高校で習う「化学」はとても基礎的なことで、ほんの一部でしかありません。ですから、**授業では、その基礎的なことをもとに、「化学」が**

ある一週間の様子

月曜日	午前2コマ、午後1コマ、高校生の授業。質問などを受ける。授業後は、同じ部署の教員と広告の作成。放課後はクラブ活動、授業の準備。
火曜日	午前は教科の会議と授業。受験希望者対象の校内案内を実施。午後は、化学科教員で授業の確認や、テスト作成の打合せ。その後、早めの帰宅。
水曜日	午前はホームページ委員会で今後の打合せ。その後、授業や会議の準備。午後、部署間の連絡会議に出席。その後、部署内での打合せ。
木曜日	午前は高校1年生の授業。午後は、授業の準備やレポートのチェックとクラブ活動。
金曜日	午前は3コマ、高校生の授業と実験。午後は学校説明会の準備で資料の印刷など。
土曜日	1時間目に授業をおこない、その後、説明会の準備。午後は学校説明会で担当のしごと。

それぞれの生徒のなかで、いろいろなこととつながりをもち、少しでも広がっていくように心がけています。

たとえば、「塩化ナトリウムは水に溶ける」という現象をもとに、「イオン」「電離」などの学習を進めていくとき、「食塩水の入っていたビーカーを洗うときに洗剤を使うべきか」「どういうときに洗剤を使って洗うのか」などの問いかけをします。**自分たちで考えを進めたり深めたり広げたりできることが重要で、そのきっかけになるような化学の授業をおこないたいと思っています。**

実際に体感し、それをもとにさらに考えるという機会も重要であると考え、実験をできるだけ多く取り入れています。

「化学」の基礎を理解してもらうとともに、人と「化学」の関わりを感じてもらうことが、化学と私のしごとの関係だといえるでしょうか。

中学校の授業で班に分かれて化学実験をしています

志望理由は？

化学を好きになった高校で！

高校生のころ、化学の授業の中で「へえー、なるほど」とか、「おっ、すごい」と思うことが何度もあって、化学が好きになりました。実験で多くのことを体験できたこともありますが、**一番記憶に残っているのは、「世の中のものはすべて原子を組み立ててできているのです」と言われたことです。**単純に「すごいな」と思いました。

大学は化学科に入り、化学を深く学んでいくことになりましたが、そのなかで研究の深さと広さ、おもしろさとたいへんさを実感しました。化学と日常との関わり、現代社会における化学の必要性、社会から見た化学、化学の発展の目的、倫理的なことなど、考えることは多岐にわたり、そのすべてが有機的につながっているように感じました。

そんななか、何らかの形で化学に携わるしごとに就きたいなと思ったとき、**私自身が化学を好きになった高校で、化学の先生になることをめざすようになりました。**中学・高校時代を思い返すと、とても楽しかったという単純な理由も実はあるのですが。

やりがいは？

生徒たちのさまざまな瞬間が思い浮かぶ！

生徒たちが何かをやりきって、達成感に満ちあふれているのを見たとき。みんなが実験を楽しそうに一生懸命やっていると、ふと感じるとき。「この問題わからないから教えてください」と来た生徒が、「あっ、わかった!!」と言って、満足そうに帰っていくとき。「化学が好きになってきた」と言ってくれたとき。「○○大学に合格しました!」と報告に来てくれたとき。卒業生が何人かで訪ねてきて「中高時代、本当に楽しかったよね」と、話が尽きないでいるとき、など。

ちょっとしたことから大きなことまで、思い出す生徒たちの姿は数限りなく、このしごとのやりがいになります。

質問に来た生徒に勉強のアドバイスをしています

オススメです! たいへんだけど飽きない!

毎日、多くの生徒と関わりますし、毎年どんどん新しい生徒との出会いがあります。**日々いろんなことが起こり、いつも新鮮な気持ちで過ごすことができ、何年やっても飽きないしごとです。生徒たちからパワーを与えてもらうことも多く、いつまでも若い気持ちでいられます!** 楽なしごとではありませんが（楽なしごとはないでしょうが）、楽しいことがたくさんあるしごとだと思います。

このしごとに就くには!?

あたりまえですが、教員免許がなければ教員にはなれません。そのためには、教職課程の単位をとる必要があります。教員免許を取得できたら、公立であれば各都道府県の、私立であれば各学校の採用試験を受験し、合格したら教員となります。

もちろん専門となる「理科」の勉強は必須です。中学・高校で教えるからといって、その範囲でよいわけではありません。大学で学ぶこともそうですが、日常で学ぶこともあると思います。多くの経験も重要です。最終的には、理科だけでなく、何にでも興味をもって吸収しようという気持ちが大切になると思いますよ。

近道ばかりがいいわけではなく、ときに遠回りをすることも悪くないなと思います。どっちにしても、自分なりの道を歩けば、いいのではないでしょうか。ただし、チャンスは逃さず、しっかりとつかんでいけるようがんばってくださいね。

科学館学芸員

国家資格の専門職として、調査研究、資料収集、展示、普及教育活動を担っています。理系学芸員は非常に少数です。

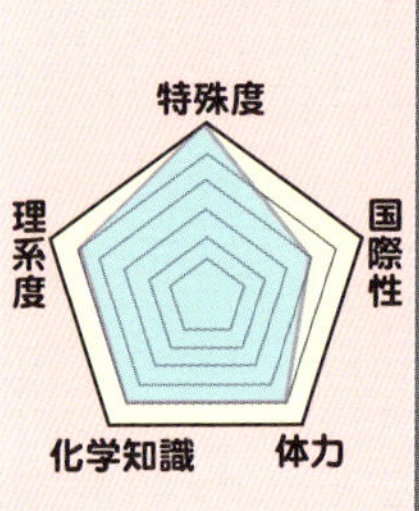

プロフィール

岳川有紀子（たけがわゆきこ）。奈良教育大学教育学部卒業後、1998年に大阪市立科学館学芸員（有機化学担当）として就職。2007年奈良教育大学大学院修了。2016年より主任学芸員。写真は、天然プラスチックをつくるラックカイガラムシの模型とともに。

何をしてる？ 音楽やスポーツのように科学を楽しむ！

私が勤める大阪市立科学館の使命は「科学を楽しむ文化の振興」です。音楽やスポーツなどと同じように、科学を楽しみのひとつとして味わっていただきたいと考えています。

私が担当する化学（科学）は、学校を卒業すると学ぶ機会が少ないですが、身近であり、日進月歩であり、ぜひ学び続けてもらいたい分野です。そのために、**子どもから大人まで、さまざまな方が、それぞれの化学の楽しみ方、学び方ができるような場を提供しています。**

どんなしごと？ 学芸員のしごとの四本柱！

学芸員のしごとの四本柱は、①調査研究、②資料収集保管、③展示、④普及教育活動、です。 私の最近のテーマは、「プラスチックの歴史と化学」、「花火の化学」、「幼児期の科学教育」です。当館では本人が研究テーマを決めることができ、展示や普及教育活動もオリジナルで考えます。

ここでは、「プラスチックの歴史と化学」を例に、具体的なしごとを紹介します。

①**調査研究** プラスチックが誕生した経緯や背景を、論文や書籍、特許資料などで調べます。

②**資料収集** 古いプラスチック製品を探し集め、年代、種類、文化的背景などを調べます。対比のために最新製品も、企業から提供してもらうなどして収集・調査します。

③**展示** 収集した資料や研究の結果をもとに、企画展や常設展示として公開します。お客様に興味をもって見ていただけるように展開を工夫し、わかりやすい解説文を書くように気をつけます。公開後も随時更新をしたり、レクチャーをしたりすることもあります。

④**普及教育活動** プラスチックをテーマにした30分間の実験ショーを開発・演示したり、さまざまな内容・スタイルのワークショップなどを立案し、実践します。

ある１日の様子

8:45	出社、メールチェック
9:00	サイエンスショー担当決め、展示場点検
9:30	開館、ミーティング
10:00	〆切間近の原稿仕上げ
11:00	サイエンスショー実演
13:00	お客様サービス会議（学芸員以外の業務）
14:00	オーストラリアの科学館とのイベント検討
15:00	サイエンスショーチームの定例打合せ
16:00	学芸員管理職の打合せ
17:30	残務処理後、退社

★育児時短中のため 17 時退社の日もある。

上は、担当する常設展示「プラスチックコーナー」。下は、資料として収集したベークライト製指輪（当時は革新的だった）です

ある一週間の様子

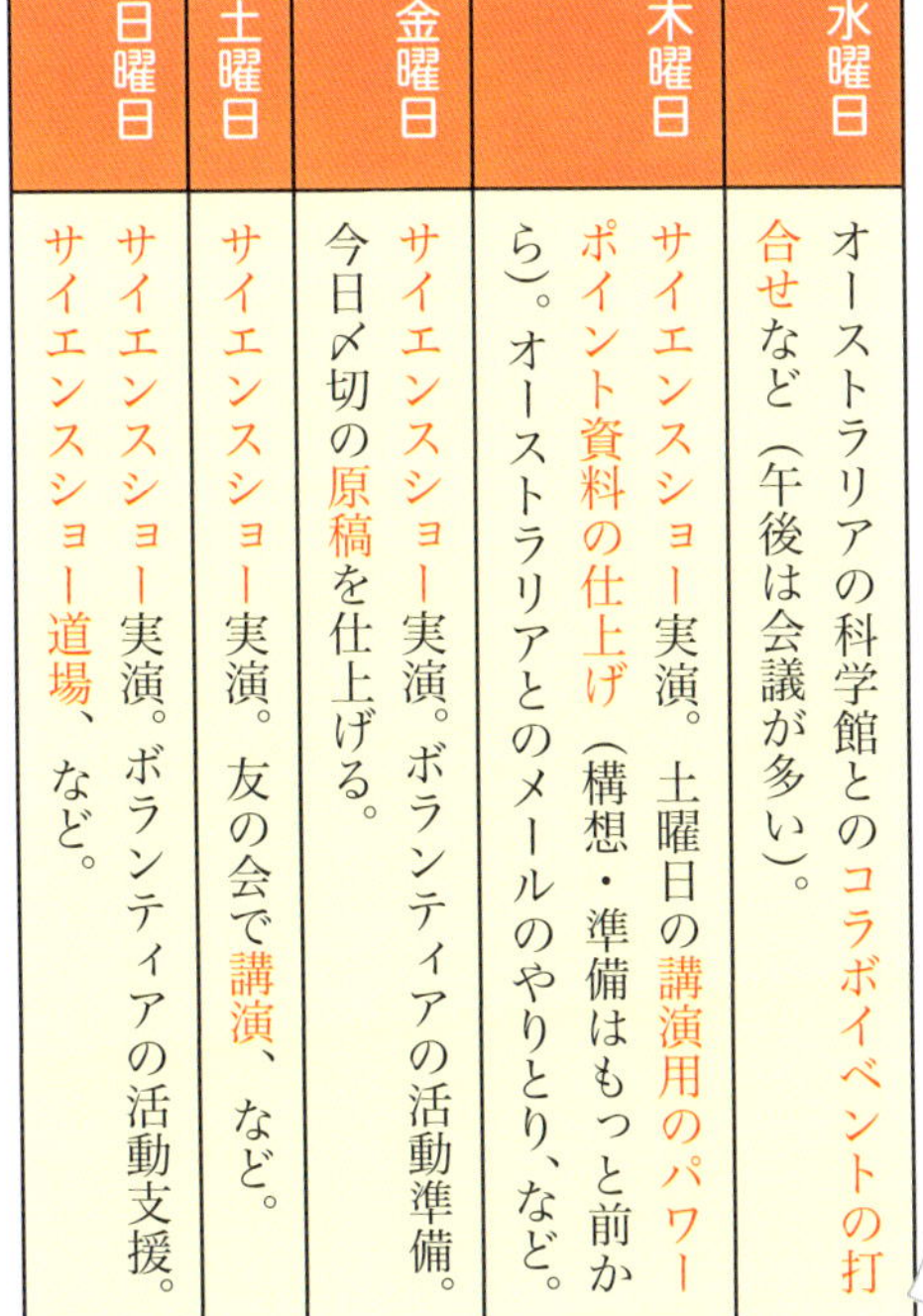

水曜日	オーストラリアの科学館とのコラボイベントの打合せなど（午後は会議が多い）。
木曜日	サイエンスショー実演。土曜日の講演用のパワーポイント資料の仕上げ（構想・準備はもっと前から）。オーストラリアとのメールのやりとり、など。
金曜日	サイエンスショー実演。ボランティアの活動準備。今日〆切の原稿を仕上げる。
土曜日	サイエンスショー実演。友の会で講演、など。
日曜日	サイエンスショー実演。ボランティアの活動支援。サイエンスショー道場、など。

★休みはシフト制で、２週間で４日休みがある。

化学との関係

化学の歴史がわかると！

化学の歴史的な面を学校で学ぶことはあまりありませんが、実験手法や化学反応、発明や発見の歴史的背景を知ることは、現在の化学を理解するためにも役立つと思います。

そうしたことを伝えるために、**机上の知識だけでなく、実際に手を動かしながら、実験ショーやワークショップを追求、立案しています。**ただ、自分の研究テーマ以外でも実践をおこないますので、化学の知識だけでなく、ときに物理の知識が必要になることもあります。

志望理由は？

化学の楽しさを伝えられるしごとがしたい！

学生時代は高校の化学の先生をめざしていました。就職氷河期の時代で、教員の募集も非常に少なく、なかなか就職が決まらなかったなか、大学の研究室に貼り出されていた募集要項を見て、**多くの人に化学の楽しさを伝えられるしごとであることは同じだと思い、応募しました。**

学校の先生とは違って、ほとんどのお客様とは一期一会ではありますが、「化学をしごとにしたい」「人と関わるしごとがしたい」という希望が叶ったことは幸せでした。

やりがいは？

自分の力でプロデュースできる！

どのしごとでも同じかもしれませんが、学芸員のしごとを20年間続けて感じるのは、**「企画力」と「実践力」がとても大切だということです。**私の場合、ひらめきを得るために、いつもアンテナをあちこちに向けておいたり、楽しいことをたくさん考えたりします。実現には困難やストレスもありますが、仲間からパワーをもらいながら乗り越えています。

二〇〇六年に「プラスチック一〇〇年――化学とライフスタイル」という独自の企画展を立案し、ギャラリートークや実験ショーも実施しました。このとき初めて、**研究活動を独自の手段で展開できる学芸員の醍醐味を味わうことができました。**お客様からプラスチックについて新しい視点をもてたという評価をいただいたり、日本化学会で優秀講演賞をいただいたことも、がんばってよかったと思えたできごとでした。

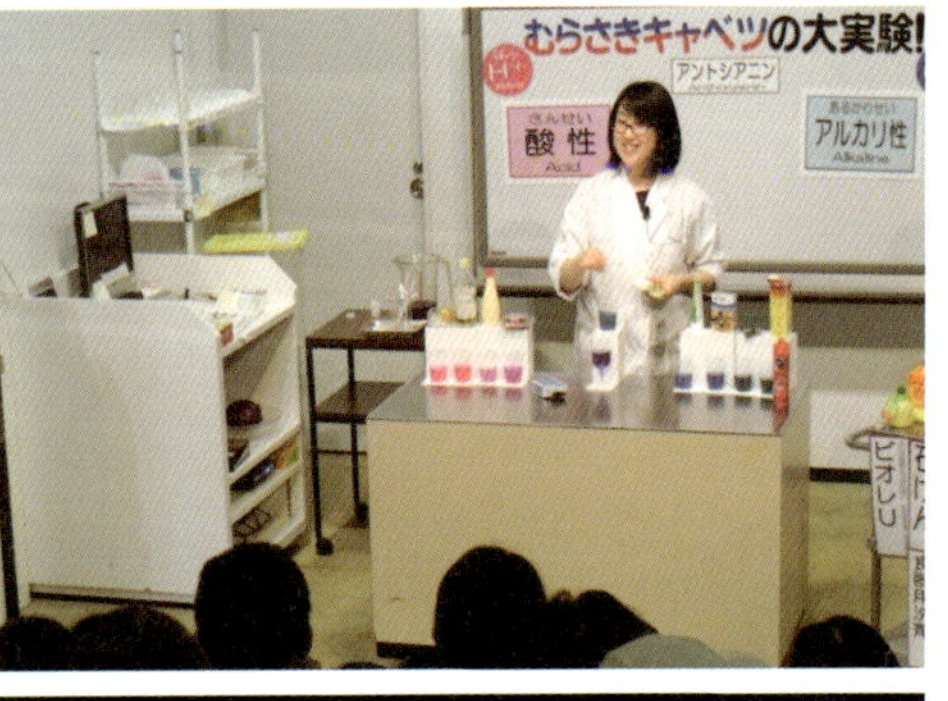

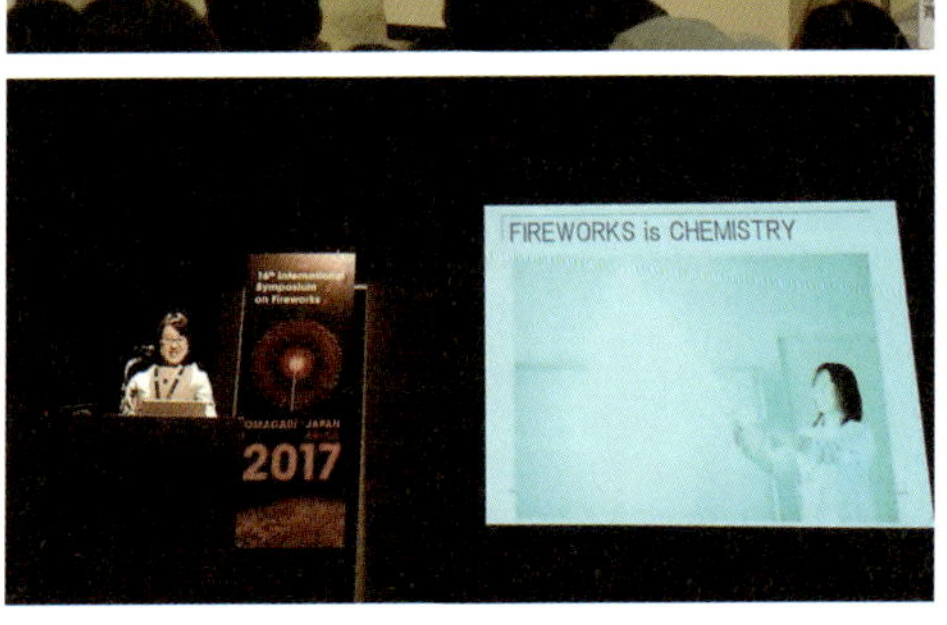

上は、サイエンスショーの様子です。下は、国際花火シンポジウムでの研究発表です

2016年に花火師の方（左：古賀章広さん；葛城煙火株式会社）と大阪天満宮の神職の方（右：岸本政夫さん）とコラボレーションさせていただきました

お客様に「楽しかった」「よくわかった」「科学っておもしろいね」「また来ます」と言っていただけると素直にうれしいです。言葉はなくても、いきいきとしているお顔を見られたら最高です。この瞬間をできるだけたくさん味わうために、日々があると思っています。

研究職というと、ひとりで没頭するイメージもありますが、お客様、スタッフ、ボランティア、他の科学館や企業の方など、**たくさんの方と関わり合いながらしごとをする点も学芸員の特徴です**。多くの方と協力してなしとげたときも、喜びを感じる瞬間です。

オススメです！ 日本に10人ほどしかいない職種！

化学の普及のために立案して実践する一連の流れをひとりでおこなうのは、責任も伴いますが、とてもやりがいがあります。**日本には化学を専門とする学芸員が10人程度しかいませんので**（絶滅危惧種のような職種?:）、貴重なしごとをさせてもらっていると思います。ただ、言い換えれば、化学分野の学芸員の募集・採用は、非常に少ないのが現状です。

このしごとに就くには!?

国内では、各科学館または自治体で主に募集があり、化学の専門的知識と学芸員の資格、博物館学の知識などを求められることがほとんどです。学芸員の資格は大学・短大で単位を履修する方法のほか、文部科学省の資格認定に合格すれば取得することもできます。

ただ、学芸員を置く科学館は、日本では非常に少なく、職員の募集もまれです。化学の知識を活かして科学館で働くには、コミュニケーターや指導員など別の職種もあります。また、別のしごとに就き、休日にボランティアなどで活動される方も少なくありません。

私は大学院に進む前に就職しましたが、仕事を始めてからもっと勉強したいと思いました。また「先生」とよべる人が身近にいることのありがたさも痛感し、一念発起して院試を受け、仕事をしながら、夜、大学院へ2年間通いました。学生のみなさんには、今のうちに思う存分勉強して、先生からたくさん教えてもらってほしいなと思います。

科学行政

プロフィール

坂元亮介（さかもとりょうすけ）。東京大学大学院工学系研究科化学生命工学専攻博士課程中退後、2016年に文部科学省に入省。現在、ナノテクノロジー・物質・材料担当の部署に所属し、研究開発戦略の検討や関係機関との連絡調整業務などをおこなう。

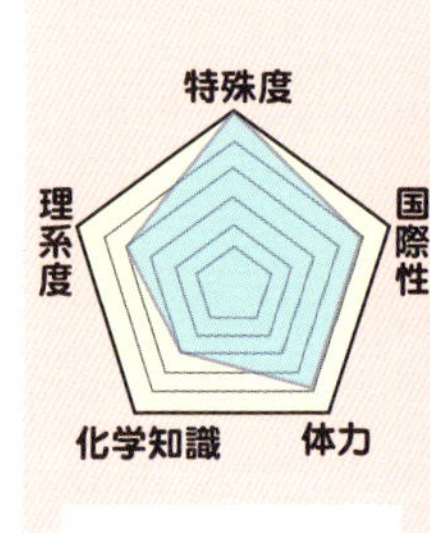

科学技術に関する政策を、専門家や国民の声を集めながら立案し、制度を設け、予算を組み、実現していくしごとです。

何をしてる？ 未来の基盤をつくる！

文部科学省は、**「教育」「科学技術・学術」「スポーツ」「文化」の各分野の振興を通じて、未来の基盤をつくる**ことを担う省庁です。法令や計画に定められた事がらにもとづき、制度改革や予算といったツールを駆使しながら、中長期的な視点から右記のミッションを実現していく役目を果たしています。

そのなかでも私は、**科学技術・学術が社会をより豊かにしていくことができるように**、今やるべきことを、ひとつずつ積み上げていくことに貢献したいと思っています。

どんなしごと？ 政策を企画・立案、実現！

文部科学省では、1～2年で部署異動があり、さまざまなしごとを経験することになります。しごとの内容は、大きく「教育」「科学技術・学術」「スポーツ」「文化」の四つに分かれますが、私は、そのなかでも科学技術に関する部署に所属しています。

私のいる部署は、「ナノテクノロジー・材料科学技術」に関する研究開発の推進を担当しています。「ナノテク・材料」は、医療やエネルギーなどあらゆる分野の発展を支え、わが国の産業競争力を生み出す重要なものです。**日本が将来においてもこの分野で競争力をもち、社会課題を解決していくためには、どのようなしくみが必要か、どのような領域に重点投資が必要かといったことを考え、政策を企画・立案、実現していくしごとを担っています。**

そのためには、大学の研究者のみならず、企業の有識者や投資家など、さまざまな立場の方々と議論をしながら政策

霞が関にある文部科学省の建物です

ある1日の様子

9:30	登庁 メールチェック
10:00	産業界の方と打合せ
11:00	施策検討のため他部署との打合せ
13:00	大学の先生と打合せ
14:00	メールチェック
17:00	資料作成
21:00	退庁

ある一週間の様子

月曜日	午前は、ナノテク・材料分野の課題について大学の先生と打合せ。午後は、デスクにてメールの確認やその対応（1日100通前後届くことも）。
火曜日	月曜日と同じくメールの確認をしつつ、書類作成や物質・材料研究機構などの関係機関への連絡を実施。空いた時間で翌日の委員会の資料を準備。
水曜日	メールチェックなど通常業務をおこないつつ、ナノテク・材料科学技術委員会の会場設営、運営を実施。終了後は、委員の方々と意見交換。
木曜日	午前は、通常業務をおこないつつ、委員会での要検討事項を整理。午後は、科学技術指標について、科学技術・学術政策研究所の方のお話も聞きながら対応方針を検討。
金曜日	午前は、委員会での意見をふまえて、今後の対応を主査と相談。午後は、委員会にて検討してきた「ナノテクノロジー・材料科学技術研究開発戦略」の決定に向けて調整。

を考える必要があります。また、研究する立場からだけではなく、その提案は国民の理解が得られるものなのか、社会的課題の解決に資するものなのか、といったことを、さまざまな角度から考える必要があります。

さらに、考えた提案の実現に向け、**政策文書としてまとめたり、制度改革のための法令改正をおこなったり、国家予算として認めてもらうために財務省と折衝したりします。**

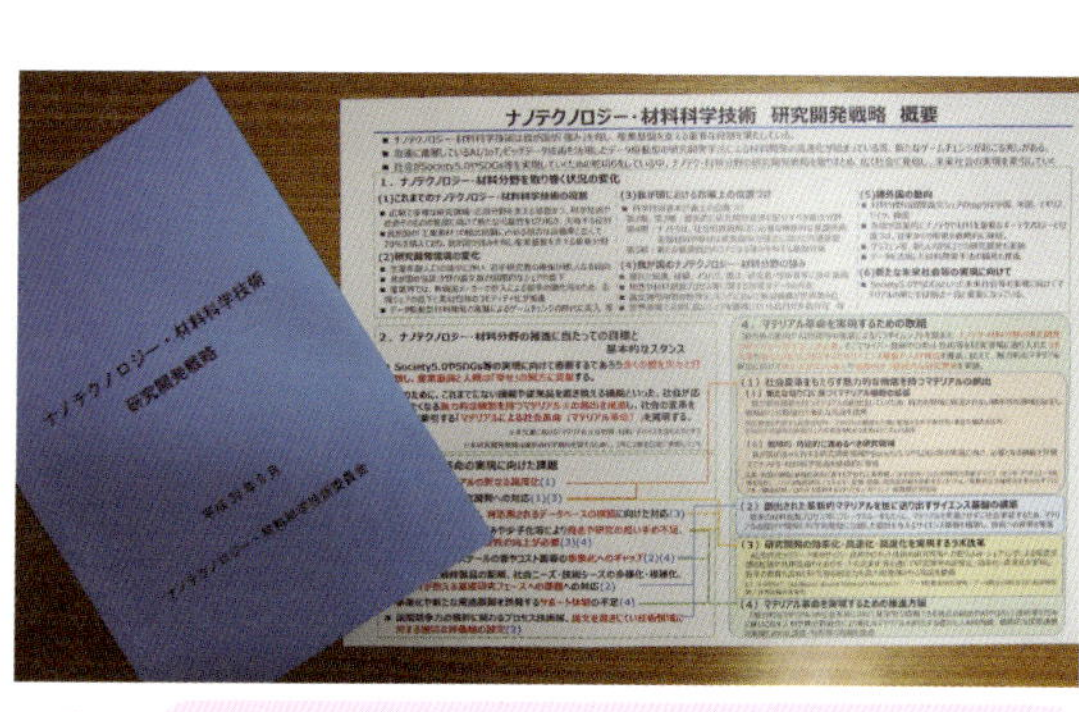

私が担当している「ナノテクノロジー・材料科学技術研究開発戦略」の文書です

化学との関係 出口が広く実際に使える化学が武器に！

現在、私が担当している「ナノテク・材料」分野では、化学が大きな役割を果たすので、政策検討において化学の知識が直接役に立ちます。大学などの専門家からお話を伺う際に研究内容が理解できると、議論のうえで大きなアドバンテージになります。それに加え、研究動向を把握するために、論文などの一次情報にも容易にアクセスでき、政策検討の幅が広がると感じています。

一方で、必ずしも自身の専門と一致する部署の担当になるとは限りません。しかし、そのような場合でも、**科学技術が生まれる現場やその過程を実体験していることや、思考の立脚点となる専門性をもっていることは、政策を考えるうえで必ず重要になると思います。**

さらに、化学は、ライフサイエンスやエネルギーなどにつながり、出口が広い分野です。深さを探求するだけでなく、実際に使える材料を社会に供給するという、きわめて実学的な側面ももっています。そんな化学を学べば、きっと自分の武器になる考え方が身につくと思います。

志望理由は？ 社会のなかでの科学技術を考えたい！

大学の研究室では、自分で一から研究テーマを立ち上げたいと考え、多くの論文を読んだり若手の研究者が集まる夏の学校に参加したりしました。そのときに、**「自分の専門分野以外にも広がる多くの科学技術に関われるしごとに就きたい」**と思ったことが、研究以外の道を考えたきっかけでした。その興味を深めるために、大学院では、「科学技術と社会の関わり」を学ぶ副専攻を受講しました。そこでは、自分の研究が社会のなかでどのような役割を果たすかを考えたり、BSEや原発問題など、科学技術が大きな社会的な課題を引き起こしている事例を学んだりしました。

こうした経験を経て、研究者として科学技術に関わるのではなく、**社会のなかで科学技術はどうあるべきかを考えていくことを通じて、日本の未来に貢献していきたい**と思い、現在のしごとを選びました。

やりがいは？ 大きな責任があるけれど重要な使命！

文部科学省のしごとは、「未来の基盤をつくる」という使命からもわかるとおり、結果が短期的には見えづらく、やりがいを実感しにくいしごとだと思うかもしれません。しかし、自分たちが政策として必要だと考えていることと、大学の研究者や企業の方々などとの思いが一致したと感じる瞬間があります。その瞬間のうれしさは格別のものがあります。

また、文部科学省のしごとは、国民の税金で運用されており、大きな責任を伴います。一方で、そのしごとの重要性から、多くの方々が、お忙しいなか、時間を割き、政策検討のために協力してくださいます。

ナノテク・材料委員会の会議場風景です

第一線で活躍される方々からご知見をいただけると、大きな期待をかけてくださっているしごとなのだと実感できます。

オススメです！ 多様な人や幅広い知識と関わりながら！

文部科学省のしごとは、行政官だけでなく、産業界やアカデミアなど、多様なステークホルダーと関わりながらとりくんでいくしごとです。そのため、**常に新しいことを幅広く学び続けられる職業だと思います。**私の場合は、とくに、最先端の科学技術に触れる機会が多くあり、そのたびにワクワクできることが、しごとのおもしろみだと感じています。

このしごとに就くには!?

まず、国家公務員試験を受験し、合格する必要があります。しかし、理系であれば、大学できちんと勉強していればそんなに心配することはありません。試験合格後、官庁訪問とよばれる面接を受け、合格すれば入省することができます。

行政のしごとは、さまざまなことを俯瞰することが必要です。学生のうちに、専門的なことを深めつつ、自身の専門領域を外側から見るとどのように見えるのかということも同時に意識して、勉強をがんばってください。

コラム

化学のしごとを考えている若いあなたへ　1

久能祐子
（くのうさちこ）
1954年生まれ。京都大学大学院工学研究科博士課程修了。ミュンヘン工科大学での研究員生活を経て、日米両国で創薬ベンチャーを共同創業。S&R財団理事長兼CEO。米国で、社会起業家を支援するHalcyonを設立。

いつも思う「仮説を立て、実験をして証明する」ことの大切さ
―ただ一人の化学科女子学生から起業家へ

私は、1977年に京都大学工学部工業化学科を卒業しました。その当時、工学部の学生は1学年約1000人でしたが、女子学生はわずか6人でした。化学系はたった1人です。なぜ、工学部に行ったかというと、なるべく人と話さないですむしごとに就きたかったからです。というのは、高校まで、人と付き合うのがとても苦手でした。理論や実験が主体となる工学部、とくに化学系に行けば、一生実験結果だけ見て過ごせばいいのではという、今から思えば不純な理由でした。

仮説を立て、実験計画を練って、予備試験をやってみる。仮説どおりうまくいっていたら本実験に進んでデータを取り、それを解析する。大学で学んだそういう科学的（化学的）手法は、自分にとても合っていました。そのまま大学院博士課程に進み、当時まだ黎明期にあった生化学、バイオテクノロジーを専攻しました。学位を取ったら、アカデミックな分野で研究が一生続けられたらいいな、と思っていました。

ところが、30歳ごろに不思議な発見とめぐりあい、その結果、期せずして、スタートアップ（新ビジネスで市場開拓段階にある事業）を日米で3回起業することになりました。最初は2～3人でスタートしますが、バイオ系ですので、すぐに研究から開発、商品化への道に直面します。大学生のときに考えたのとはまったく違うキャリアでした。

そこで一番大事なのは、知的所有権の確保でした。「この発見やアイデアは世界で誰も考えついていないかどうか」が重要です。さらに、開発が進むにつれ、100億円を超える巨額の資金調達も必要です。これもまったく経験がありませんでしたが、優秀なメンバーや多くのサポーターのおかげで、一歩一歩前に進み、2つの新薬「レスキュラ点眼液」「アミティーザ」を世界に出すことができました。これら2つを合わせると、世界で1兆円近い売り上げを達成しました。

今は、自らの経験を社会的インパクトの創生に生かすために、社会起業家を支援する「Halcyon」をワシントンで運営しています。アイデアと情熱をもってスタートアップを始め、さまざまな課題を解決しようと日々がんばっている、世界中の若者の才能を後押ししています。

このように、化学者として出発した私ですが、いろんなチャレンジをしてきました。その時々のターニングポイントではいつも、若き日の化学実験で学んだ「仮説を立て、実験をして証明する」ことを思います。

みなさんにもすばらしい未来が待っていることを信じています。

第Ⅱ部

企業での研究開発のしごと

7

企業での研究開発

医薬品の研究開発

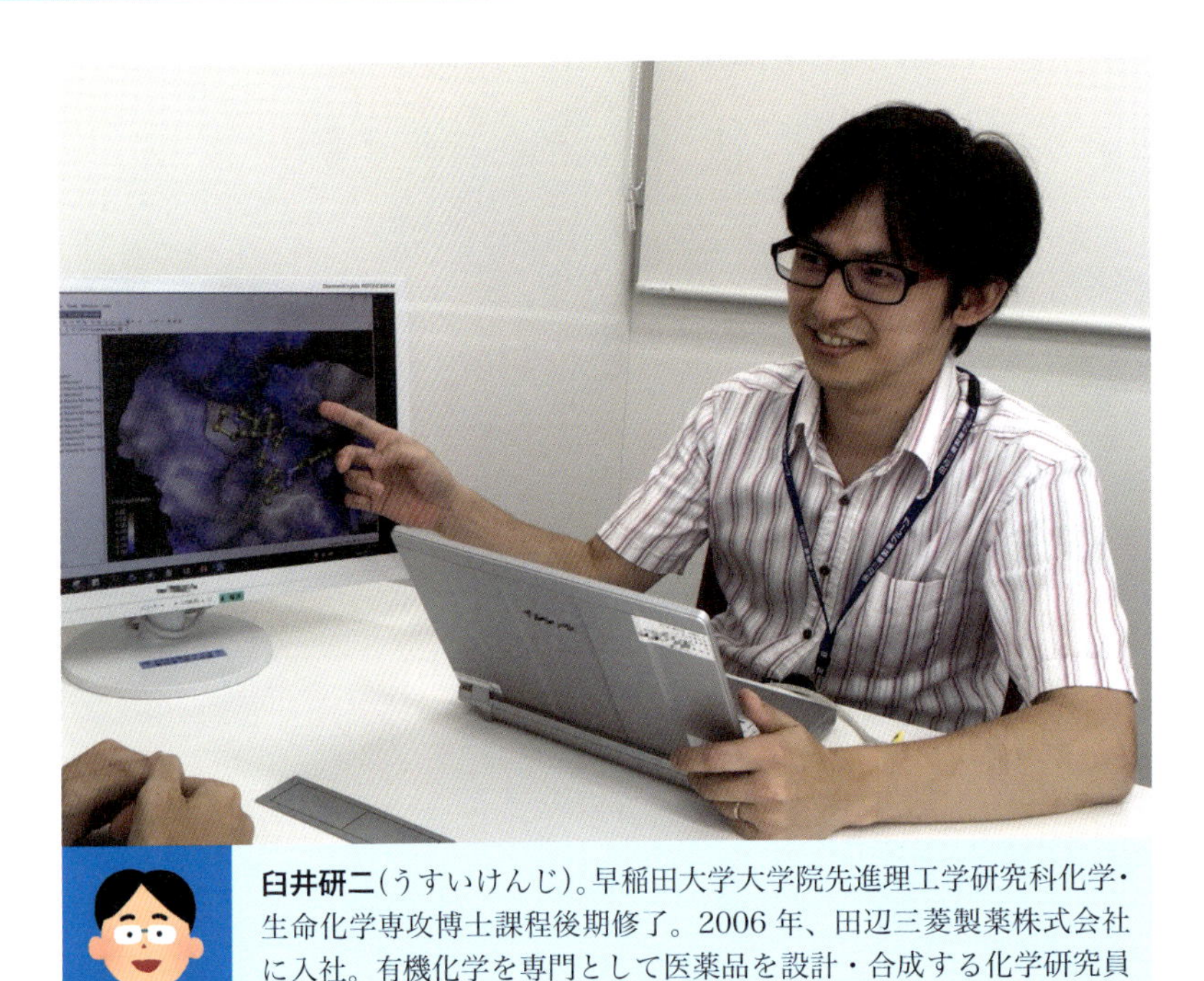

臼井研二（うすいけんじ）。早稲田大学大学院先進理工学研究科化学・生命化学専攻博士課程後期修了。2006年、田辺三菱製薬株式会社に入社。有機化学を専門として医薬品を設計・合成する化学研究員（メディシナルケミスト）として活躍中。

プロフィール

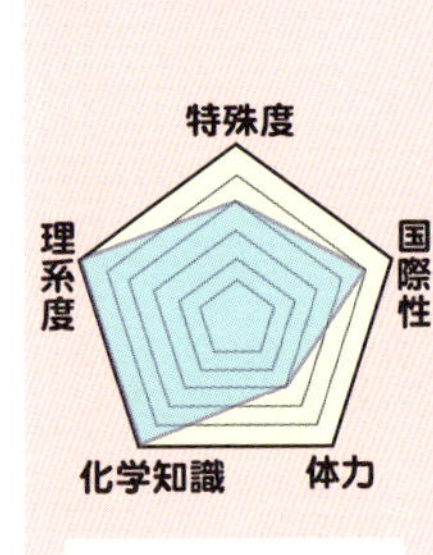

最新の化学を用いて、病気を予防・治療するための新しい医薬品となる化合物をつくり出すしごとです。

何をしてる？ 病気を克服する新しい薬を！

われわれ人類は、医薬品を開発することによって、いくつもの病気を克服してきましたが、世界には今もなお病気と闘っている多くの患者さんがいます。**病気を予防・治療して健康で豊かな生活を送る**ことは、患者さんのみならず、ご家族や周囲の人々の願いでもあります。私たちはその願いをかなえるために、**新薬を生み出すしごと（創薬）**をしています。しかし、新薬が世に出るまでにはさまざまな困難を乗り越える必要があります。何年もの時間がかかる難しいしごとです。

このようななかで、私たち製薬企業の研究員は、一日でも早く、困っている患者さんに医薬品を届けられるよう、最新の科学技術を駆使しながら、日々研究に励んでいます。

どんなしごと？ 薬の候補となる化合物を設計して合成！

医薬品は、病気に効くことはもちろんですが、安心・安全であることも求められます。私たちメディシナルケミストは、

■ ある１日の様子

9:00	出社
10:00	実験室にて実験
13:00	会議用資料作成
14:00	TV 会議室にて共同研究先と会議
16:00	実験室にて実験
17:00	居室にて他研究員とデータ解析ミーティング
18:00	退社

★就業時間は人により異なるが、9 時前後に出社する人が多い。

目的の化合物を合成するための実験中です

病気の原因となる分子（標的）に対してどのような化合物が強く作用するかを考えて設計し、有機化学の技術を駆使して合成をおこないます。合成した化合物は、病気に対する有効性や体内での動き、安全性などが調べられます。これらの結果をもとに、さらによいものをめざして新たな仮説を立て、次の化合物の設計と合成を進めます。

このようなサイクルを、創薬に関わるさまざまな専門家と協力しながら、何度もくり返します。そして、多くの試行錯誤を経て、最終的に医薬品の候補となる化合物を見つけ出すことが、私たちのしごとです。

■ ある一週間の様子

月曜日	午前も午後も実験。電子実験ノートに合成したい化合物とその合成法を詳細に記載し、実験を開始。実験室ではホワイトボードを使用しながら他研究員とディスカッションもおこなう。
火曜日	午前は実験をしたあとに、データ解析。午後は、資料を作成したあと、再び実験をおこなう。夕方に有志による自主セミナーに参加。
水曜日	テレワークを活用。自宅でデータ解析、資料作成、スカイプを利用して社内会議に参加。
木曜日	午前は実験。午後は、プロジェクト会議に出席し課題の整理とその対策案を打ち出す。会議後は再び実験の続き。
金曜日	午前は実験。午後は、同僚とコミュニケーションスペースで最新技術や業界動向についてフリートーク。金曜日は定時退社。

鍵穴に合う鍵を原子・分子レベルで！

人の体内では、酵素や受容体といったタンパク質が生命活動を担っています。それが正常に機能しないと病気になってしまいます。そこで、私たちはまず、標的となるタンパク質を探し出します。そこに医薬品を結合させ、生体反応を起こさせることで病気を治すのです。

タンパク質にはさまざまな構造があります。そこに医薬品をうまく結合させるには、**原子・分子レベルで医薬品を設計する**必要があります。タンパク質を鍵穴に、医薬品を鍵にたとえると、鍵穴にぴったりと合う鍵をつくり出すわけです。

その鍵となる医薬品を合成するためには、適切な合成ルートや反応条件を設定するための、**有機化学の知識と技術が必要と**なります。日々進化する化学の知識を、最新の論文や学会から勉強し続けることが欠かせません。

標的分子の探索 → リード化合物の創製 → リード化合物の最適化 → 臨床試験 → 新薬

創薬サイクル：化合物の設計 → 化合物の合成 → 化合物の評価 → 医薬品の候補となる化合物

創薬の研究・開発の流れをまとめるとこんな感じです

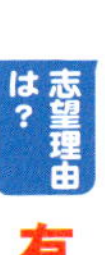

有機化学を通じて人々に貢献したい！

私の場合、子どものときからモノづくりが好きだったことが根底にあります。そして、高校の授業で世の中の現象のほとんどは化学で実証できると教わり、化学という学問に興味をもち、より深く学ぶために大学の化学科に進学しました。

ひと口に化学といっても、有機化学、無機化学、物理化学、量子化学、生物化学などさまざまな分野があります。私はそのなかでも有機化学に楽しさを覚えました。有機合成の実験でうまくいかないときに、その理由を自分で考えて試行錯誤する体験をして、有機化学への興味がいっそう大きくなっていきました。そして、大好きな有機合成を通じて世界中の人々の健康に貢献したいという想いから、医薬品をつくる職業を志したのです。

やりがいは？

課題が解決した喜びを分かち合える！

私の夢は、**自ら手がけた医薬品によって世界中の患者さんの病気を治す**ことです。冒頭にも述べたように、医薬品創出の難易度は高く、成功する確率はきわめて低いのですが、夢を実現するために、日々研究に没頭しています。

また、研究の中でひとつひとつの課題に対してどうすればよいかを考え抜き、解決・実証できたときは、言い尽くせないくらいうれしいものです。

創薬の研究はおおぜいのチームで進めるため、これらの喜びや達成感をみんなで分かち合えることも大きな魅力です。

日ごろの研究の成果は、**論文や特許、学会発表という形で世界に公表**し、それらが世界に認められたときは、メディシナルケミストとしての成長を実感することができます。

ミーティングで各自の実験成果を報告し合っています

オススメです！ 留学のチャンスも！

毎年、学会に参加し、最先端の研究に触れるとともに、世界の研究者と創薬について意見を交わす機会があります。私は最近、アメリカに一週間出張し、国際学会でノーベル賞を受賞された著名な先生をはじめとする一流研究者の成果を生で聴講しました。さらに、議論に参加することで、研究者として貴重な体験をすることができました。

加えて私は、**アメリカの大学に留学する機会**をいただき、世界最先端の有機化学を一年間学んできました。留学中は、研究活動のみならず、英語でのコミュニケーションや異文化を学び、世界各国の優秀な学生との交流を深めることもでき、充実した留学生活を体験できました。

このしごとに就くには!?

大学で有機化学系の研究室に所属し、専門的知識や技術を習得するとともに、それらを高めるために修士課程や博士課程に進むことをおすすめします。在学中に、短期留学や企業のインターンシップを経験すると、視野も広がるでしょう。

新しいことを生み出す発想力、それを実現する行動力を若いうちから意識してくださいね。研究を続けるには、専門的な知識や技術とともに、体力、根気、忍耐が必要不可欠です。気分転換できる趣味やスポーツもあるとよいですよ。

医療診断技術の研究開発

化合物をデザインし、病気があるか、薬が効くかを診断するための医薬品を製造するしごとです。

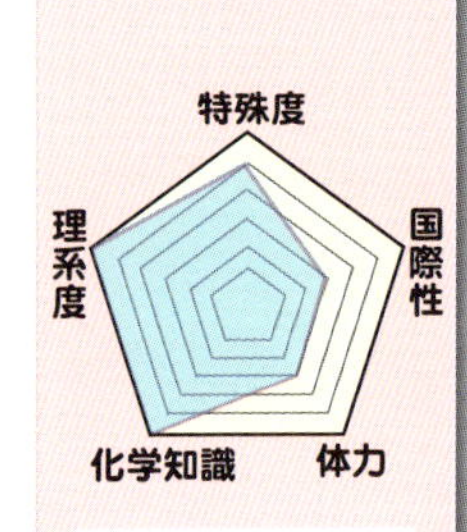

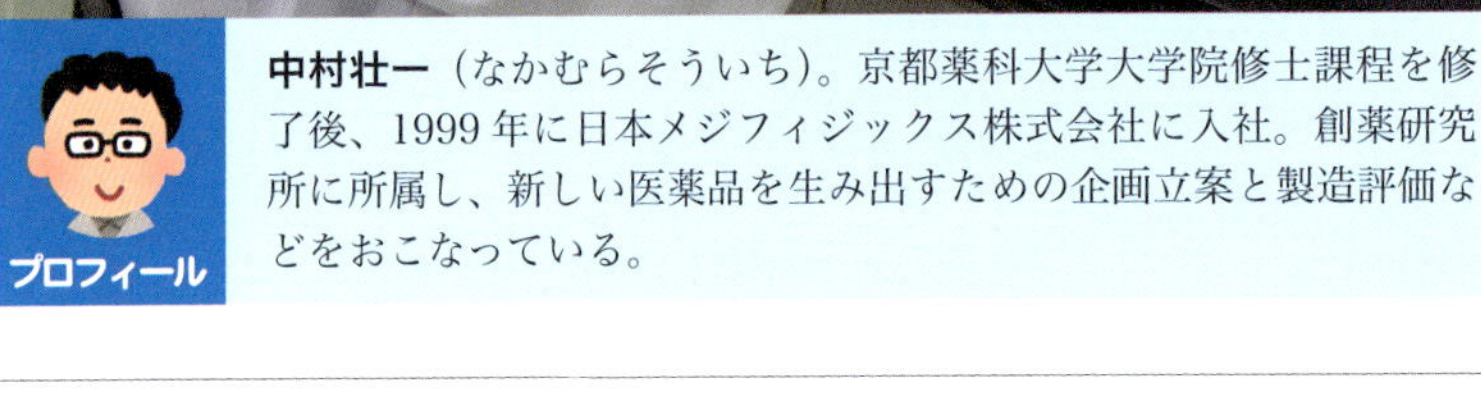

中村壮一（なかむらそういち）。京都薬科大学大学院修士課程を修了後、1999年に日本メジフィジックス株式会社に入社。創薬研究所に所属し、新しい医薬品を生み出すための企画立案と製造評価などをおこなっている。

何をしてる？ 診断薬はすごい！

私が勤めている日本メジフィジックスは、医薬品を製造・販売している会社です。でも、その薬は、ドラッグストアなどで販売している風邪薬や鎮痛剤とは少し違った、「**病気の診断をおこなうための医薬品（診断薬）**」です。診断薬のしくみは、次のようなものです。

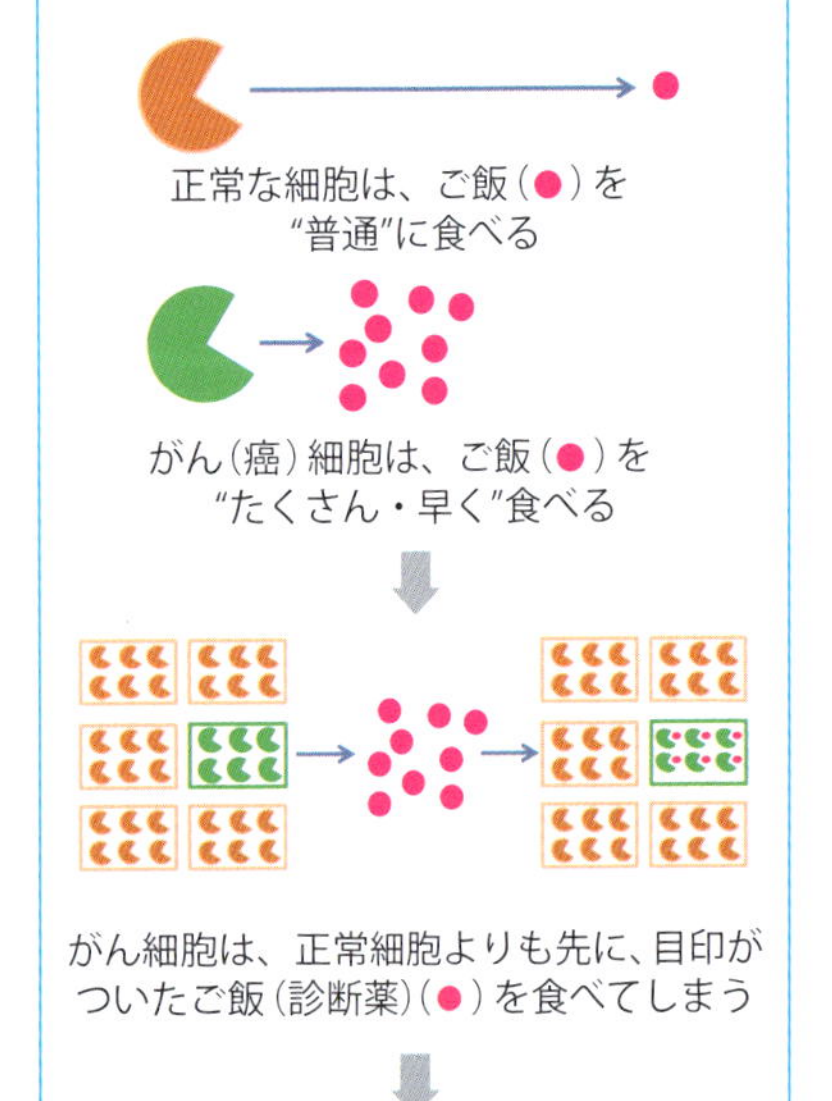

患者様が病気、たとえば、がん（癌）かどうかを診断するために、ごく微量の放射性同位元素（ラジオアイソトープ）で目印をつけた薬を注射します。注射をしたあと、体の外からカメラで撮影すると、その薬から出る信号をカメラがキャッチします。目印がついた薬は、がんが存在する場所に集まるよう設計されていますので、がんが体内に存在するかどうか、存在するならどの場所にあるかを診断できるのです。

その診断薬の投与量は、かぜ薬の量をお茶碗1杯だとすると、ゴマ粒一つより少ない量です。それで十分に診断できます。だから、副作用がきわめて少ない、つまり、体への負担はほとんどありません。

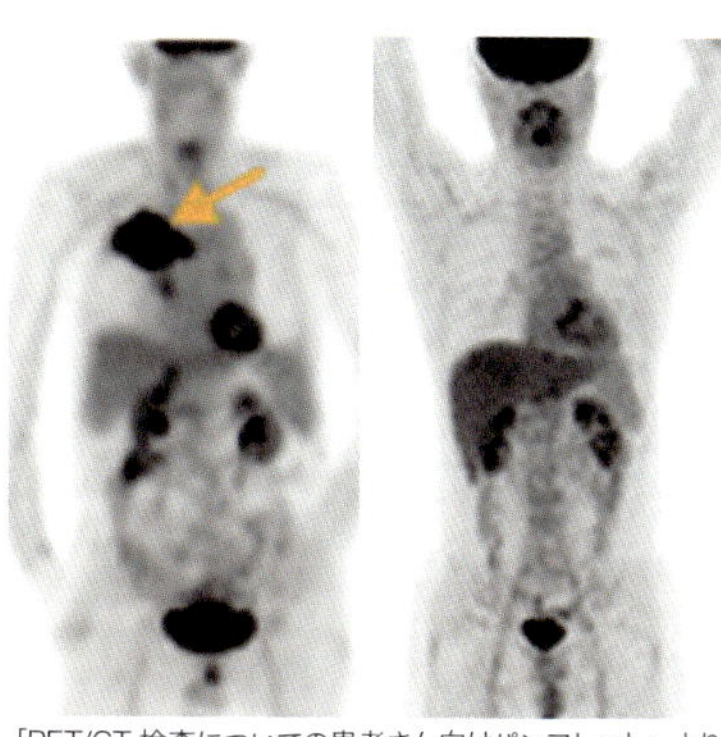

「PET/CT 検査についての患者さん向けパンフレット」より

右は正常な人、左は肺がん（矢印）の患者さんです

どんなしごと？ 病気の部分に薬をたどり着かせる！

診断薬は、自分が病気かどうかを診断するだけではありません。**これから受ける治療が自分に効くかどうか、受けている治療がどのくらい効果があるかも判定できます。**

悪い病気を治すための薬には、どうしても副作用がありますす（ヒーローが怪獣を倒す際に、街も破壊してしまうイメー

ある1日の様子

8:30	出社 メールチェック
9:00	デザインした化合物を製造できるように実験器具を準備
13:00	化合物を製造して評価チームに引き渡す
15:00	研究テーマについて進捗報告やディスカッション
16:00	メールチェック 実験の後片づけ 明日の実験内容を計画
17:15	退社

ある一週間の様子

月曜日	創薬研究所内にある製造実験室にて実験。評価チームに引き渡す日までに化合物をつくりあげる。
火曜日	引き続き実験。製造したものが目的物かどうかを測定室で確認。
水曜日	午前は社内の他部署とTV会議。午後は実験（デザインした化合物をつくりあげるためには、プラモデルのパーツのように複数段階が必要）。
木曜日	午前は実験。午後は、化合物を製造するための原材料を提供してくれるメーカーと打合せ。
金曜日	社外の講習会や学会に参加し、最新の技術や研究動向を把握する。

ジです）。病気が重いほど、強い薬を使うため、副作用も大きくなりますので、強い薬が自分に効くかどうか（怪獣だけを倒してくれるかどうか）を使用前に知ることは、すごく重要です。

そんなとき、治療に使う薬と基本的に同じ設計の（ゴマ粒一つの）診断薬で検査すれば、病気の原因となっている所に強い薬がきちんと集まるかどうかを事前に確認できるのです（集まらなければ、ほかの治療法を選択します）。薬が効いて病気がよくなっているかどうかも判定できます（効いていなければ、ほかの薬を選択します）。

病気かどうかを診断するには、注射する診断薬を、体の中で病気を引き起こしている所（がん細胞など）にたどり着かせる（結合させる）必要があります。しかも、**悪い所に強く結合させるだけでなく、正常な所には結合させせない性質も必要です**（このような状態を「**特異性がある**」といいます）。

こうしたコンセプトを念頭に、いろいろな化合物を頭の中でデザインします。

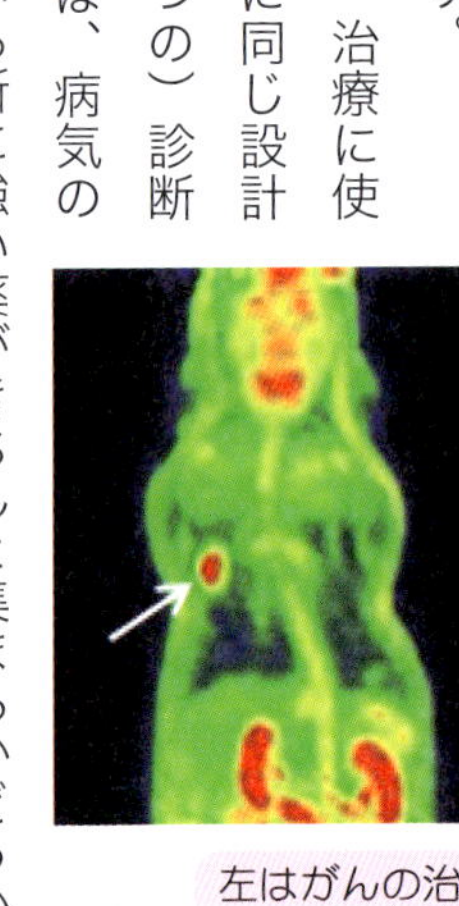

左はがんの治療薬を投与する前、右は投与後です。がんが小さくなった、すなわち、薬が効いていることが、診断薬の検査でわかります

化学との関係

化合物をデザイン・製造・評価する！

このとき、学生時代に学んだ化学が役立ちます。実際に化合物が製造できないと意味がありませんので、**診断薬の候補となる化合物を自分たちで製造し、そして製造した化合物がコンセプトどおりの特異性をもっているかを評価します**。その評価結果を科学的に解析し、そこで得た知見をまた新たな化合物のデザイン、製造、評価へとつなげていきます。これをくり返し、よりよい診断薬の創造をめざすのです。

化合物のデザイン、製造、評価には、科学の知識や経験が必要です。科学には、化学、生物学、医学、薬学などさまざまな分野がありますが、ひとりですべてを担当するわけではなく、**チーム全員が知恵を出し合って、研究を進めていきます**。

チームで力を合わせて新しい薬をつくります

志望理由は？

自分でつくったもので社会貢献したい！

私は普通科の中学校や高校に進学していたので、ひととおりの教科を学びました。そのなかで化学に一番興味がもてたこと、また、少しでも社会の役に立つしごとに就きたいと思っていたことから、薬学系の大学に進学しました。

大学では「薬品製造学」という講座に入り、さまざまな化合物の製造技術を習得しました。就職にあたっては、自分でデザインし、製造したものが医薬品になれば、社会貢献になると思い、医薬品を製造・販売している当社を選びました。

会社に入って、新しい研究をするためにも基礎が大事だということがわかりました。化学の基礎をしっかり学んでおいてよかったなと思います。

やりがいは？

数多くの失敗を乗り越えた先に！

医薬品をひとつ開発するには10年かかると言われています。しかも、10年かければ必ず医薬品になるわけではなく、数多くの失敗を経て、医薬品になるのはほんのひと握りです。

そのため、チーム一丸となって、何度も失敗しながら、課題をひとつひとつ乗り越えていく必要があります。だからこそ、やりがいを感じることができるしごとでもあります。課題を解決したときはみんなで達成感を得ることができます。

最終的に、医薬品として患者様にお届けできる状態にたどり着いたときは、本当にうれしいものです。

オススメです！

新しいことに挑戦できる！

医療系の分野は、日本だけでなく世界でまだまだ発展する分野で、挑戦のしがいがあると思います。日本メジフィジックスも、これまでは診断薬の開発が中心でしたが、今、新たな治療薬と診断薬のセット（同じ目印を治療と診断の両方に使うコンセプト）の開発に挑戦しようと踏み出したところです。

結果がどうなるかは誰にもわかりません。ただ、挑戦しようとする雰囲気がまわりにあると、自分も一緒に成長できます。「**自分が成長できるしごとに就く**」、これは重要なことだと思います。

このしごとに就くには!?

特別な資格は必要ありませんが、医療系の研究職に就きたいなら、化学、物理、生物などのうち、ひとつは興味のある科目をもちましょう。得意かどうかは二の次で、「なぜこうなる？」という関心や、「こんなことができるとおもしろい」と考えることが大切ですよ。

やらされるのではなく、自分がやりたいと思う気持ちになることを、勉強だけでなく、ふだんの生活でも磨いてほしいと思います。

電池の研究開発

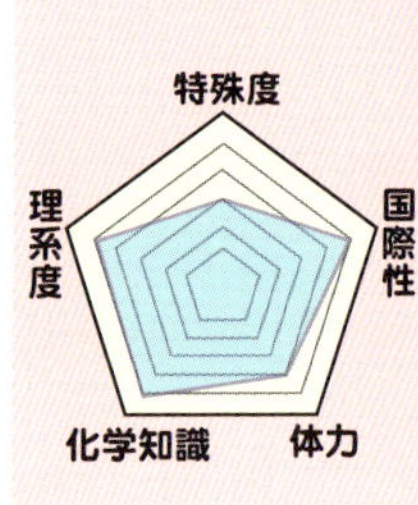

電池の性能や安全性を改良するための開発をおこない、新商品を企画・設計し、最終的には製品として量産化するしごとです。

プロフィール

藤吉 聡（ふじよしさとし）。東京理科大学大学院理工学研究科修士課程を修了後、2013年にパナソニック株式会社に入社。商品技術部門に所属し、アルカリ乾電池の設計開発を担当。

何をしてる？ 身近な電池をよりよいものに！

世の中には使いきりの一次電池や、充電してくり返し使える二次電池など、たくさんの電池があります。私が勤めるパナソニックは、これらの電池を世界各地のお客様にお届けしています。

そのなかで私が担当するアルカリ乾電池は、どこでも買えてすぐに使える最も身近な一次電池のひとつです。この電池を、**より長もちで安心して使えるものに改良していく**役目を果たしています。

乾電池

アルカリ乾電池　マンガン乾電池

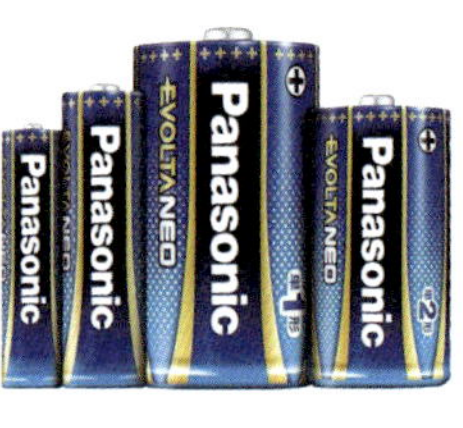

担当商品の例です

どんなしごと？ 電池を企画、設計、そして量産する！

電池の開発のしごとは大きく三つの段階に分かれます。

① **どのような電池をつくるかを考える「企画」**
② **その電池を実現するための「設計」**
③ **実際の設備で製品をつくる「量産」**

まず、「企画」では、どのような電池が世の中に求められているかを営業部門と相談しながら、**製品のコンセプト**を固めていきます。

次に、「設計」では、決まったコンセプトをもとにして、**どのような技術や材料を電池に組み込むか**、実験や試作をおこないながら、具体的に決めていきます。

そして、「量産」では、設計した電池を実際に量産設備で生産してみて、**設計どおりにできるかどうか**を確認します。

ある1日の様子

8:30	出社 メールチェック
9:00	新しい電池材料の実験計画の作成
10:30	開発進捗確認の技術部内会議
13:00	電池に関連する特許の調査
14:00	実験室で電池の試作
16:00	データ整理と資料作成
17:00	退社

化学との関係 化学反応でエネルギーを生み出す！

電池は、正極（＋）と負極（－）に使われる材料の化学反応を利用して電気を生み出し、さまざまな機器を動かすエネルギー源となります。電池の中で起こる化学反応を理解し、より効率のよいものにするためには、**無機化学、電気化学、有機化学など、さまざまな化学の知識が役立ちます。**

また、材料の特性と電池の品質には密接な関係があり、材料のどの特性を改良すればよいかを知ることが重要です。

ある一週間の様子

月曜日	材料メーカーとの打合せ。新しい電池材料の提案を受ける。それを受けて、どのように活用するかを社内のメンバーで相談。
火曜日	電池材料の特性を測定。材料特性を調べてから、評価スケジュールを立てる。
水曜日	新しい材料を使って電池を試作する。午後は、その電池の品質評価を開始する。
木曜日	一ヵ月前に試作した電池の品質の評価結果が出揃ったので確認する。評価データをまとめて会議に必要な資料を準備する。
金曜日	関連部門で集まって設計レビュー会議。会議で量産化を決定。午後は工場への連絡文書を作成。

とくに、電池は、災害時などの備えとして長期間保管できることが望まれます。そうした保管時の状態を分析するときも、化学の知識を活用します。

さらに、電池を試作したり評価したりするための実験方法や、電池を使い終わったときに内部がどのような状態になっているかを分析するための方法を考えるには、大学時代におこなった研究の経験が役立っています。

電池の放電試験をしている様子です

志望理由は？ 暮らしを便利にする商品を開発したい！

世の中にはいろいろな商品があり、私たちの生活を支えています。高校生のころは、暮らしを豊かにできる商品を生み出すしごとに関わりたいと漠然と考えていました。そして、大学で、多くの技術を組み合わせてつくられている商品のしくみを学ぶことができました。さらに、大学で化学の研究や実験を経験するなかで、新しいことを見つける楽しさを知り、自ら開発することができる「開発職」に就きたいと考えました。そのなかでも、電池は、さまざまな機器を支えるエネルギー源であり、この電池の開発を通じて、機器をより便利なものにできると考え、電池の開発職を志望しました。

やりがいは？ 原理検証から量産化まで幅広く担える！

基礎的な原理の検証から製品の量産化まで、幅広く業務に携われることも開発職ならではだと思います。

電池の組み立てをおこなう設備です

企画～設計～量産まで幅広く携わるため、各部門の専門技術やスキルをもった人と関わりながら、しごとを進めていきます。わからないことは教わり、お互いに協力して進め、目的を達成できたときには、一人では得られない喜びがあります。また、メンバーとの協業のなかで新たな知識を得ることもできます。

それから、**自身の設計が反映された製品が量産ラインで流れているところを、間近に見ることもできます。**その設計の良し悪しを各部門と議論し、よりよい設計に磨き上げることに、私はおもしろさを感じています。

このように、新しい価値を生み出す技術を開発し、それを商品として形にできることは技術者としてのやりがいです。

できた電池を機械で搬送しています

オススメです！ 自分が開発したものがコンビニに！

市場に出荷された商品は、スーパーやコンビニなどの身近な場所で売られています。それを見たときなどは、**自分のしごとが形になったんだなということを実感できます。**

ほかには、日本だけでなく、海外にも拠点があるため、グローバルで活躍の機会があります。日本で培った技術を、世界の各拠点の市場にマッチした製品に展開することも、やりがいがあります。海外の生産拠点への出張や駐在の機会もあり、異国文化を体感することもできます。

このしごとに就くには!?

とくに必須となる資格はありません。大学や大学院の理学・工学系の学部学科で知識を身につけたあとに、企業の研究開発部門へ就職することが多いです。ひとつの製品には広い知見が必要で、多様な人が関わるため、いろいろな専攻の人にチャンスがありますよ。

今は役に立たないと思う知識でも、身につけておけば、後になって思いがけず役に立つことがあります。幅広い分野について学ぶことは、未来の自分の力になると思いますよ。

ワンポイントアドバイス！

10

企業での研究開発

電子材料の研究開発

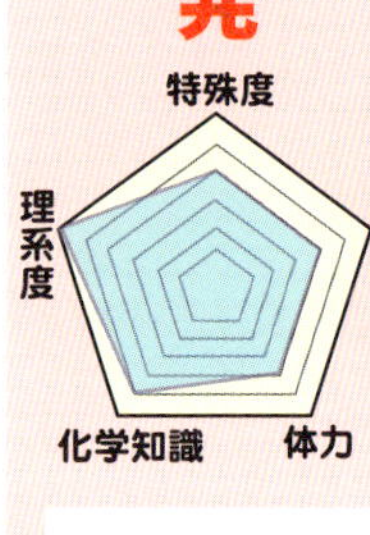

現在、そして未来の生活に欠かせない電子機器に使われる材料を、化学の視点から研究し、製品を開発するしごとです。

プロフィール

渡邊嗣夫（わたなべつぎお）。名古屋工業大学大学院修士課程を修了後、2003年に株式会社ダイセルに入社。現在は、電子材料用銀ナノインクの研究・開発をおこなっている。２児の父。愛娘を溺愛し、子育て奮闘中。

何をしてる？

電子機器を化学の力で発展させる！

自動で運転する車、人を自動で感知できるセンサーなど、電子機器の進化は、これまで「できたらいいな」と想像しかできなかった世界をどんどん現実にしています。これら最新機器は、電子機器の会社だけがつくっているのではありません。化学の進歩も大きく貢献しています。

私は、**電子材料を化学の力で発展させる**ために、現在の会社で研究開発に携わっています。

具体的には、電子材料に必要な、

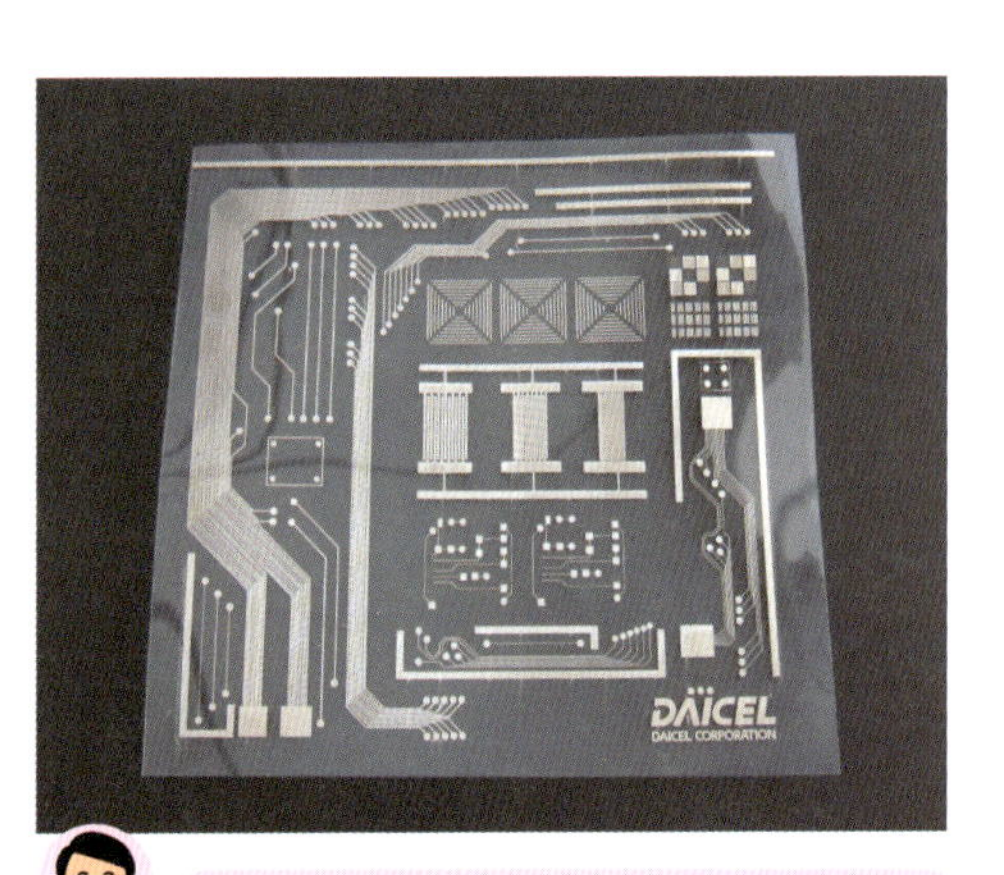

開発した銀インクでつくった配線です

電気が通る配線を、「簡単に、早く、大量に」つくるために、インクジェット印刷などに使用できる、**銀ナノインク（非常に小さな銀粒子が入ったインク）**を研究開発しています。

銀インクで印刷実験をおこなっています

ある1日の様子

9:00	出社 メールチェック
10:00	研究開発チームの進捗会議
13:00	実験内容の確認
14:00	添加剤メーカーとの打合せ
16:00	実験評価結果の確認
17:00	データ・資料のまとめ
17:30	退社

どんなしごと？

銀ナノインクの研究開発を進めるために！

研究所では、インクの性能をよりよいものにするため、日々研究をおこなっています。私は、研究開発チームの実験計画や結果の解析も担当しています。

つくったインクは、最終的には電子機器の一部となって、性能を発揮しないといけません。そのため、自分の会社だけではなく、**他の装置会社や研究機関で一緒に研究する**こともあります。

ある一週間の様子

月曜日	午前は、開発メンバーの実験内容を確認し、実験計画を立てる。午後は実験結果の確認。
火曜日	午前は、開発会議で、顧客とのやりとりと今後の研究内容を決定。午後は、社内中国技術者とテレビ会議で情報交換。
水曜日	午前は、装置メーカーへ郵送する開発インクの分析・評価をおこなう。午後はサンプルを出荷。
木曜日	午前は、実験をおこなう前に安全性を確保するための会議（実験安全会議）。午後は、実験結果の確認と、計画の作成。
金曜日	営業メンバーとの打合せのために東京出張。最新情報取得のために、技術展示会に参加。

そのほかにも、つくった銀ナノインクを他の会社にアピールしたり、一緒に研究してくれる人を探したりと、研究を進めるために必要なさまざまなしごとをしています。

化学との関係　ナノサイズの粒子をコントロールする！

銀ナノインクは、ナノサイズ（百万分の一ミリ）の非常に小さい銀の粒子を、溶媒に混ぜてつくっています。目に見えない銀の粒子をコントロールするのは、たいへん難しい技術です。つくる条件を間違えると、銀の粒子どうしがくっついて、すぐに固まり、使えなくなってしまいます。

また、さまざまな用途に使用するために、銀の粒子と溶媒を混ぜ、水のようにシャバシャバにしたり、水飴のようにドロドロにしたり、自由に粘度をコントロールすることもおこなっています。

志望理由は？　ものづくり大好きの図工少年！

私は、数学と図工が好きで、自分で考えたものを、手づくりしていました。中学生のとき、「家にある壁、天井、ペン、テレビなど、化学の力があれば何でもつくれる」という授業を受け、やはり自分は何かをつくるしごとが向いている、**化学者になっていろんな製品をつくりたい**と考えました。

今の会社は、自分で考えたアイデアを研究させてくれるので、自分に合っていると思います。

やりがいは？　答えがわからないからこそ喜びも大きい！

研究した結果が、自分の想定したとおりの結果であったとき、その喜びを研究メンバーで共有できたときは、本当にうれしいものです。

銀ナノインクの開発メンバーです

試験時は特殊な作業服を着用します

学校のテスト問題には答えがありますが、**化学の研究には「答えがない」ことが多い**です。公式のない、解き方が決まっていない方程式を解くような感じです。答えがわからないから毎日こつこつ研究して、少しずつ答えに近づいていくのが研究だと思います。

そして、自分の考えたとおりの結果が出たとき、日常生活では味わえない喜びが生まれます。ひとつのアイデアや思いつきが、**世の中を劇的に変えるようなものすごい技術になる**こともあります。

オススメです！ 仲間とともに最新技術に触れる！

私のしごとでは、化学の観点から電子材料の研究をしているので、普通の人は知ることのできない最新技術にいち早く触れられます。たとえば、近い将来に電子機器業界のキーファクターになるであろう「5G技術」開発に関われています。

また、「こんなものをつくりたい」という少年のまま大人になったような研究員が集まって、最新のゲーム、テレビ、スマホなど、未来の技術を夢見てとりくむ姿は、学校の図工の授業のようです。わくわくします。

そこに参加できる喜びは、ほかの業種ではなかなか体験できないのではないでしょうか。

このしごとに就くには!?

化学や数学などの勉強だけではなく、友達とのコミュニケーションを大事にしてほしいですね。化学の研究には、膨大な時間がかかるため、ひとりでは、進めることができません。チームを組んで、他の研究者と協力しながら進めます。そのため、自分の考えを相手に伝える意思疎通の能力がとても重要ですよ。

「未来はこんな世の中になってほしい！」という夢をできるだけ大きく描いてくださいね。昔の人が想像した未来の世界の絵が、現在の世界をつくっています。私はみなさんの想像力が未来をつくると信じています。

ワンポイントアドバイス！

ポリマー材料の研究開発

プロフィール

溝口大昂（みぞぐちひろたか）。九州大学大学院理学府化学専攻修了。2011年、株式会社日本触媒に入社。現在は、事業創出本部・研究センターにて、各種用途向けポリマーの研究をおこなっている。

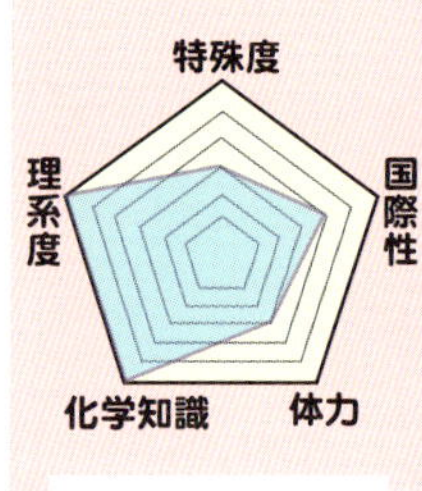

化学繊維をはじめ、生活の基盤を支える多くの化学製品に使われているポリマー材料を研究し、暮らしを快適にするしごとです。

何をしてる？

生活の基盤を支えるポリマー材料！

私は、「テクノロジーをもって人と社会に豊かさを提供する」という日本触媒の企業理念に沿って、ポリマーの研究をおこなっています。

ポリマーとは、たくさんの分子が連なってできた化合物のことで、プラスチックや化学繊維など、身近にたくさん使われています。そのほかにも、ふだんの生活のなかでは気づきにくいかもしれませんが、紙おむつや洗剤、テレビの液晶画面、食品添加剤など、ほとんどの化学製品に、ポリマーは姿・形を変えて使用されています。みなさんの暮らしに深く関わっており、とても重要な働きをしているのです。当社のポリマーもさまざまな用途でみ

洗剤用ポリマーの例

名称	構造式
ポリアクリル酸ナトリウム	$\text{-}(CH_2\text{-}CH(COONa))_n\text{-}$
ポリアクリル酸	$\text{-}(CH_2\text{-}CH(COOH))_n\text{-}$
アクリル酸/マレイン酸共重合体塩	$\text{-}(CH_2\text{-}CH(COONa))_n\text{-}(CH(NaOOC)\text{-}CH(COONa))_m\text{-}$

なさんの生活を支えています。

このような、**生活の基盤を支える重要な材料を研究・開発する**ことで、世界中の人々の生活をより豊かで快適にすることができればと思っています。

どんなしごと？ 汚れを落とす洗剤用ポリマーをつくる！

私は、ポリマーのなかでも、衣料用洗剤向けポリマーの研究に携わっています。衣料用洗剤に求められる最も重要な性能は、「**洗浄力**」です。しかし、汚れというのは、泥や油から、醤油など食べ物による着色汚れまで、多岐にわたっています。どの汚れをターゲットにするかで、最適なポリマーが変わってくるのです。

それぞれの汚れに対して効果的なポリマーを見つけ出すために、汎用な原料からいろいろなポリマーを設計・合成し、洗濯試験をおこないます。それによって、最適なポリマーを見つけ出すとともに、**汚れを落とすメカニズムを解明すること**をめざしています。

研究職というと、実験室にこもってフラスコを振っている

ある１日の様子

8:00	出社 メールチェック 前日の実験結果解析
8:30	チームミーティング
9:00	重合実験準備
10:30	実験開始
13:00	文献調査
15:00	実験終了
16:00	分析 あと片づけ
17:15	退社

ある一週間の様子

月曜日	前週の上司との議論結果をもとに、具体的な実験方針をチーム内でディスカッションする。疑問が残る点については文献・特許調査を実施。
火曜日	午前は、前日に打ち合わせた方針をもとに新たなポリマーの合成実験をおこなう。午後からは顧客訪問用の資料作成。
水曜日	顧客を訪問し、提出していたサンプルの評価結果を聴取。顧客と今後の進め方について相談。
木曜日	評価結果をもとに実験方針を練り直し、新たなポリマーの合成実験をおこなう。実験の合間に発表資料を作成。
金曜日	午前は、グループ全体会議で、安全に関する内容を共有化し、安全意識を高める。午後は上司に一週間の実験成果を説明。来週以降の方針を議論。

イメージが強いかもしれませんが、**社外に出てさまざまな分野の方と交流する機会もあります。**たとえば、学会やセミナーなどで最先端の研究を勉強したり、大学との共同研究などで先生や学生とディスカッションしたりします。また、直接の顧客となる洗剤メーカーと積極的にコミュニケーションを図ることで、ニーズの把握にも努めています。そして、消費者目線で**「こんな洗剤があったらいいいな」というアイデアを常に考えながら、それを実現化するために日々努力しています。**

化学との関係 すべてのプロセスで化学の知識が必須！

ポリマーを合成するためには、設計、実験、分析、結果の考察などさまざまなプロセスがあり、そのすべてにおいて、化学の知識が必要となります。

設計や合成においては、主に「有機化学」や「高分子」といった分野の知識が必要です。また、メカニズムの解明には「イオン」の知識も必要になります。さらに、実験では、取り扱いが危険な試薬を使うことも多く、化学の知識がないと安全に実験をおこなうことができません。

大学で専門知識を習得するに越したことはないですが、基礎知識は中学や高校で学ぶことができますし、しごとをおこないながら最先端の技術を勉強していくことができます。

また、起きている現象を理解するために、**理論的にものごとを考えることのできる思考力も非常に重要です。**

洗剤でポリマーが作用するしくみです

志望理由は？ 「世界で初めて」を見つけたい！

中学・高校では理科や数学など理系教科が好きでした。なかでも、「何か」と「何か」が反応して新しい「何か」が生まれることにワクワクすると同時に、「なんで？」「どうして？」と悩むのはいつも化学でした。その現象を深く理解したいと思うようになり、大学では化学科に進学しました。

大学4年で有機化学の研究室に入り、**「世界で初めての発見」をすることの苦労と喜びを味わいました。**そして、将来は化学企業で働いてみたいと強く思うようになったのです。

そんなとき、さまざまなポリマーの開発をおこなっている日本触媒に出会いました。そして現在は、世界で初めてのすばらしい「何か」をもった、衣料用洗剤向けポリマーを開発するために奮闘しています。

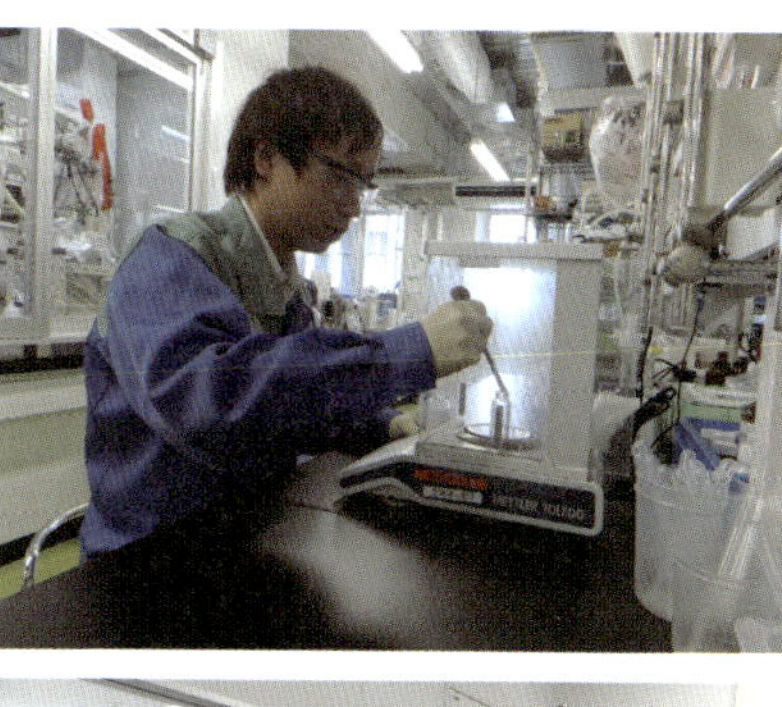

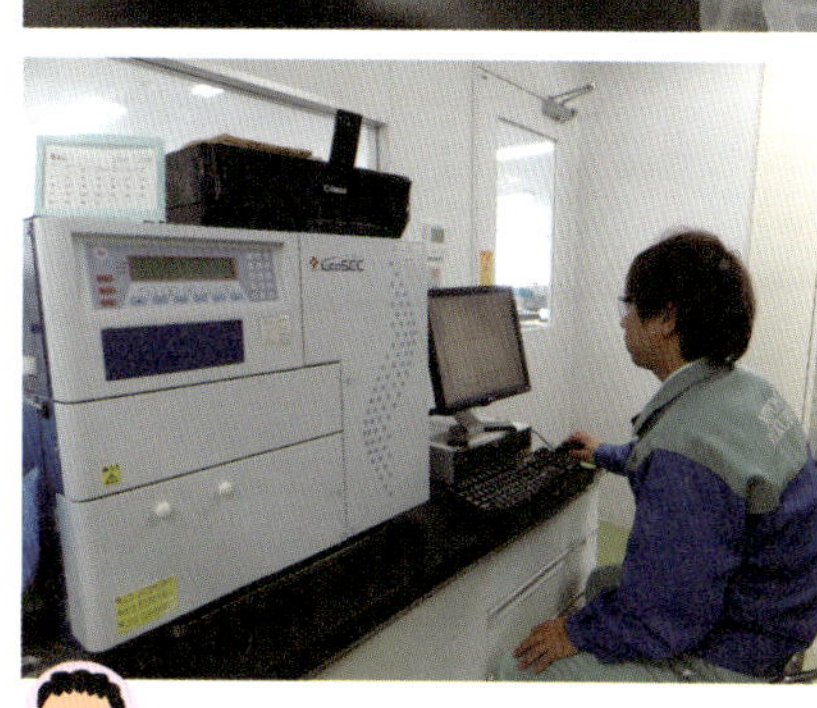

ポリマー合成の実験・分析中です

やりがいは？

世界のどこかで使われる場面を思って！

日本触媒では、新入社員のときから、テーマの主担当としてしごとを任せられることが多く、自分のアイデアをすぐに反映できます。一方で、それが顧客評価で不合格になることを想像すると、重圧となることもあります。だからこそ、さまざまなことを考え、**時間をかけて合成したサンプルが、顧客評価で合格になったときの喜びは計りしれません。**

ただ、よい材料を開発しても必ず製品化できるとはかぎりません。製品価格や製造方法、顧客が新商品を出すタイミングなど、さまざまな要因をクリアしなければならないのです。そのため、営業、製造部門などとの連携も必要です。

その積み重ねの結果、世界のどこかで、私の開発した製品を使ってくれるのだと思うと、がんばれます。

オススメです！

洗剤商品の特長がわかるようにも！

海外顧客担当になると、面談などで海外に行くこともできます。日本触媒には海外拠点もあるため、研究者が海外赴任するケースもあります。海外で化学のしごとをやってみたい人は、**海外拠点のある会社に就職することをオススメします。**

それから、今のしごとをしていて、各洗剤メーカーの商品の特長がわかるようになりました。自分に合った洗剤を研究者の視点で選ぶことができ、少し得した気分です。

このしごとに就くには!?

化学の知識も大事ですが、新しいものを生み出すためには、知的好奇心が必要です。日ごろから、小さな疑問を大切にし、それを解決できる力を身につけておくとしごとに役立ちますよ。また、海外顧客対応も多いため、英語を話す力をつけておくとよいでしょう。

身の回りにはいろんなポリマー材料があふれているので、手に取った製品のラベルなどを確認し、ポリマー材料を身近に感じてください。また、研究は忍耐力が必要ですよ。「継続は力なり」、最後まであきらめないでチャレンジし続けてくださいね。

12

企業での研究開発

農薬の研究開発

プロフィール

小綿彩乃（こわたあやの）。北海道大学総合化学院総合化学専攻の修士課程を修了後、住友化学株式会社に入社。健康・農業関連事業研究所探索化学グループで、新しい農薬の探索合成研究をおこなっている。

有機合成化学によって、効果的な農薬となる物質を開発し、農業生産性の向上や食糧問題の解決に貢献するしごとです。

何をしてる？

化学の力で農業・食糧問題に貢献！

世界の人口は年々増え続けています。一方で、農耕地面積を人口の伸びほどに増やすことは難しく、単位面積あたりの作物生産量を増加させることが必要です。

私が勤める住友化学は、農薬をはじめとする農業資材を開発・提供することで農業生産性を向上させ、十分な食糧を消費者へ安定的に届けることに貢献しています。

私のしごとの目標は、**化学の力で食糧の増産や安定供給を実現することです**。具体的には、**新しい化合物を合成し、農薬となる有効物質を見つけ出す**しごとをしています。

どんなしごと？

農薬はこうして開発される！

農薬とは、農作物に発生する害虫や病気を防除したり、雑草を除いたりするために使われる薬剤のことです。広い意味の農薬には、昆虫や菌類などを用いる「生物農薬」も含まれますが、私は主に、有機化学物質を有効成分とする「化学農薬」の開発に携わっています。

さて、農薬はどうやってつくられるのでしょうか。

①まず、合成研究者が農薬の種となる化合物を**デザイン・合成**します。

②次に、生物研究者が合成化合物を害虫・植物病・雑草に処理し、それらの**効力を評価**します。

③結果が得られるとそれを**分析**し、今度は**別の構造の化合物**を合成します。

④構造を変えたことの効果について、**仮説と検証**をくり返すことにより性能を向上させ、農薬の**開発候補化合物**を見つけ出します。

⑤開発候補化合物について、**工業的製造法の検討**、**製剤検討**、**大規模な効力評価試験**をおこない、動物や微生物、環境に対する**安全性試験**をクリアしたあと、製品へ仕上げられます。

ある1日の様子

9:00	出社 実験準備
9:30	朝礼
10:00	実験開始
13:00	反応の進行状況を確認
14:00	目的化合物の精製
15:00	会議
16:00	データ解析
17:00	翌日の実験計画
17:50	退社（業務が残っていれば残業）

★昼休みに週３日はバドミントンをしています。

私は合成研究者で、同僚の生物研究者とともに、この「**合成→生物試験→データ解析→構造変換→合成**」というサイクルを、何十回、何百回とくり返しながら、新たな農薬となる化合物を見つけ出すしごとをしています。

ある一週間の様子

月曜日	月曜から金曜までの計画に沿って化合物の合成実験（出張等がなければ毎日実施）。反応の開始、追跡、停止、精製、データ解析。目的物の化合物が得られなかった場合は、その原因を解明し、別の合成方法を考える。
火曜日	有機合成に関する論文、生理活性物質に関する文献を読む。新たに合成する化合物をデザインして、そのためのルート探索をおこなう。
水曜日	農薬研究に関わる学会に参加するため出張。有機合成化学の発表だけでなく、生物や製剤など幅広く最新の農薬科学の知識を深める。懇親会に出席し、講演者や他社研究者と意見交換・情報収集。
木曜日	毎週新しい特許が公開されるので最新情報をチェック。特許の解析をおこない、他社動向を把握する。
金曜日	合成した化合物の生物活性データを取得。チーム内で研究進捗の検討会をおこなう。生物研究者と打合せ。来週の実験計画を立てる。

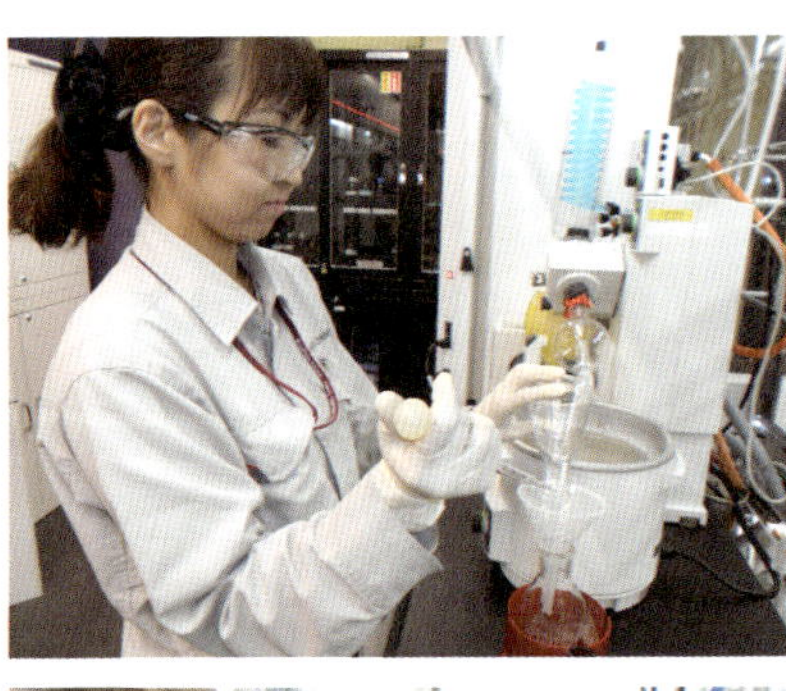

有機合成実験をしている様子です

化学との関係

有機合成化学の力を駆使！

一つの化合物の性能を理解するだけでも、さまざまな化学的な情報が不可欠です。化合物の分子量・水溶解度・分配係数・沸点・融点・蒸気圧などの物理的情報、構造式・置換基効果などの有機化学的情報、作物への浸透性・移行性や動植物内での代謝挙動といった生物化学的情報などが、研究を進めるために欠かせません。

また、有機合成化学者は、化学反応によって新たな分子をつくり出すことを専門としていますので、化合物をデザインすることも非常に重要なしごととなります。**「なぜこの化合物は効かないのだろう？」「化合物の性能を向上させるにはどうしたらよいだろう？」などといったことを考えながらデザインします。**そして、有機合成化学の力を駆使しながら合成していきます。その際にも、先ほど述べたような化学情報をきちんと解釈し、応用できる化学的知識が要求されます。

志望理由は？

大好きな実験のスキルと知識を生かしたい！

私は小学生のころから実験が大好きでした。中学生のときに、水の電気分解で水素が発生し、裸火を近づけるとポンと音がする実験をしたときには胸が高鳴りました。

高校では化学が一番得意な科目となりました。大学ではモノづくりに活かせることを学ぼうと考え、有機合成の研究室へと進みました。大学院での研究はハードで、毎日朝から晩までひたすら合成実験をしていました。実験をくり返す日々のなかで、将来は研究室で身につけた合成のスキルと知識を活かせる職業に就きたいと考えるようになりました。

そして、合成研究をしごとにできる企業を探しているうちに、住友化学と出会い、今、農薬の探索研究をしごとにしています。**自分が合成したものが、将来世界の人々を救う化合物になる可能性を秘めているので、挑戦しがいがあります。**

やりがいは？ パズルを解くように合成するおもしろさ！

農薬の探索合成をしていると、**今まで誰もつくったことがない化合物を合成しているというおもしろさや、その化合物が世界の人々に役立つ農薬になるかもしれないというワクワクを、日々感じることができます。**

また、簡単な構造の化合物から複雑な構造の化合物まで、すべて自分でデザインし、合成していく楽しみもあります。そうした化合物が生物試験で活性を示したとき、より大きな喜びを得ることもできます。

化合物を合成し、生物活性を分析することで情報を得て、一歩ずつパズルを解くように、より高性能な化合物を見出していくことに私はやりがいを感じています。

オススメです！ 生物試験を見に行くことができる！

私の研究所では、自分が合成した化合物が、虫に効くか効かないか、直接生物試験を見に行くことができます。

農薬を使用しない場合は、葉が害虫に食べられてボロボロになります（下写真左側）。一方、優れた効力を示す化合物を使用した場合、作物が害虫から守られ、きれいな野菜が育ちます（下写真右側）。自分が合成した化合物の試験を見に行くことで、その効果がひと目でわかるため、成功したときの喜びはひとしおで、モチベーションが向上します。

農薬の生物試験の結果を直接見られます

このしごとに就くには!?

有機合成化学を学んでください。合成実験の経験と化合物をデザインするための幅広い知識がしごとを進めるうえで重要になります。さらに、生物に関する知識や実験経験もあると、よりよいと思いますよ。

ワンポイントアドバイス！

「なぜ?」「どうして?」と自分の知らないことを突き詰めて調べることへの好奇心、これが研究への第一歩です。みなさんも、おもしろい謎解きの世界をめざしてみませんか。

13

企業での研究開発

食品の研究開発

プロフィール

寺島涼子（てらしまりょうこ）。大阪府立大学大学院農学生命科学研究科修了後、製粉会社に就職、開発職に従事。その後、2011年に株式会社カネカ入社。食品部門の開発センターに所属し、国内外の製パンメーカーへの提案をしている。5歳と9歳の2児の母。

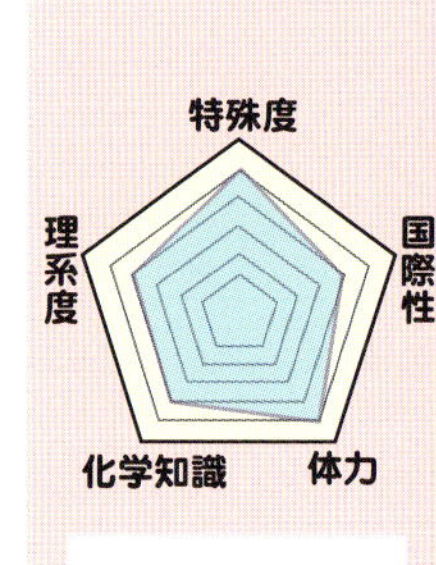

パンやお菓子をよりおいしくするために開発した原材料を使った製品を実際につくり、メーカーに提案・供給するしごとです。

何をしてる？ 食品の原材料で食文化に貢献！

私たちは、パンやお菓子の原材料となるマーガリンやイースト、クリームなどを製造し、国内外のパン・菓子メーカーへ供給しています。近年は、アジア市場を中心に、海外への展開も積極的におこない、グローバル化を進めています。

アジア諸国でも人気のあるクリームパンやあんパンのような、日本風のふんわりやわらかいパンをつくり出すには、原材料であるマーガリンやイーストの品質が大きな影響を与えます。そのため、私たち原材料メーカーでは、原材料はもちろんのこと、パンや菓子そのものの研究開発もおこなっています。そうやって、**さまざまな食品のおいしさを支える縁の下の力持ちとして、世界の食文化向上に貢献しています。**

どんなしごと？ 原材料のよさを示すためにパンをつくる！

私自身は、マーガリン（油脂）やイーストなどの原材料をパンメーカーに使っていただくために、原材料ごとの特徴を活かしたパンをつくり、国内外のお客様（パンメーカー）へ提案するしごとを担当しています。

「**なぜ原材料メーカーがパンをつくるの？**」と不思議に思われるかもしれませんが、マーガリンをそのままお客様にお見せしてもなかなか製品のよさが伝わらないのです。**実際にパンの形にしてご提案することで、そのマーガリンを使用したパンのおいしさや食感などをダイレクトに伝えることができます。**「わかりやすく製品をアピールできるパンとは？」「消費者の方々が喜んでくれるにはどうしたらいいか？」と考えながら、日々のしごとをしています。

また、自社製品の使い勝手も、パンをつくって確認しています。もっとやわらかいマーガリンでないと練りこまれにくいとか、もっとコシがないとうまく生地が伸びないなど、ユーザーであるパン屋さん目線で評価し、油脂開発メンバーへフィードバックし、製品の開発に活かしています。

ある１日の様子

8:50	出社 メールチェック
9:30	チームミーティング 進捗や連絡事項共有
10:00	パン生地の仕込み
11:00	（仕込み生地発酵中に）提案資料等作成
13:00	パン生地作成
15:30	パン焼き上がり
16:00	焼いたパンの評価 営業と打合せ
17:00	お客様へパンを発送 レシピ作成
17:30	退社

お客様や自社製品だけにとどまらず、市場や国民性をよく理解していなければできないしごとですので、営業や油脂開発メンバーなど、他部署と連携しながらとりくんでいます。特に、**海外への提案は、その国の生活様式や文化、嗜好なども考慮しなければならないため、実際に現地に行き、どのような食感や味が好まれるか調査したりもしています。**

ある一週間の様子

月曜日	火曜日	水曜日	木曜日	金曜日
午前は、チームミーティングで進捗報告（今週の予定確認、共有器具・装置の使用調整、材料手配など）。午後は、今週提案用の配合検討、資料作成。	お客様への提案用パンづくり。自社製品のよさが発揮できているかどうかはもちろん、消費者が喜んでくれるように、食シーンを考えながらつくる。	パンと資料をもって、営業と一緒にお客様へプレゼンに行く。プレゼン後、結果を報告書にまとめメンバーへ発信。営業と次の手を相談。	製パン試験。マーガリンなどの効果を確認するため実際にパンをつくり比較する。生地のまとまり具合、伸びや張り、発酵状態など幅広くチェック。	製パン試験の評価を実施。外観の確認、比容積の比較、パンの硬さを機械で測定し数値化。評価データをまとめ、他チームメンバーと結果を考察。

化学との関係　でんぷんの化学構造がおいしさのポイント！

パン開発と化学は無関係じゃないかって？　いえいえ。

焼きたてのパンはやわらかくておいしいのに、時間が経つとパサついて硬くなりますよね。これには、パン生地中の「でんぷん」が大きく関わっているのです。

パン生地を焼くと、生地中のでんぷんは炊きたてのごはんのように水を吸ってやわらかくなります。**でんぷんは、木の枝のように分岐した構造をしています。**焼きたてのパンは、その枝と枝の間が広がり、そこに水を抱えています。しかし、パンが冷めると、この広がった木の枝は徐々に閉じ、間に抱えていた水が外に漏れ出ていきます。

パン生地分割作業、時間との戦い！

焼成前の仕上げ、顔は大事です！

そのため、時間が経ったパンは硬くなるのです。

このような変化を防ぎ、時間が経ってもやわらかいパンをつくるために、あらかじめでんぷんの枝を細かく切ってくれるアミラーゼという酵素を活用しています。

このでんぷんの変化は、お菓子でも起こります。ただ、お菓子の生地は糖の量がとても多く、この酵素がうまく働かないという欠点がありました。私たちは研究を重ね、糖濃度の高いお菓子の生地でも元気よく働く、新しい酵素を開発しました。それによって、時間が経ってもソフトでおいしいお菓子をつくれる油脂が、世界で初めて商品化されました。

このように、化学の知見は、新しい驚きを創造する食品の研究開発職で、とても役に立っています。

志望理由は？　専門知識を生かして人と関わりたい！

私が食品の原材料メーカーを選んだ理由は、パン、菓子、アイス、飲料、惣菜……と、**いろいろな食品に幅広く関われることが楽しそうだと感じたからです。**

開発職を選んだ理由は、大学、大学院時代に得た専門知識を活かしながら、人と関わるしごとがしたかったからです。食品の開発職はまさに技術とお客様をつなぐ要となる立場で、さまざまな人と関わります。そのなかでも、自分で焼いたパンをお客様のところに持参し、お客様の声を直接聞くことができるという点は、とくに魅力的です。

パンの焼き上がり！

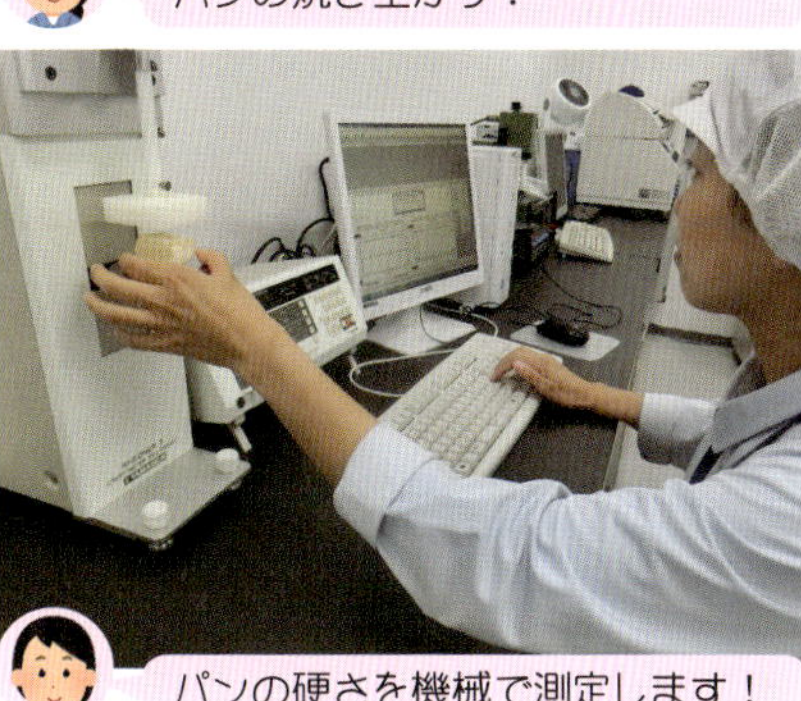
パンの硬さを機械で測定します！

やりがいは？

「おいしい」と言ってもらえたときが！

やはり、一番のやりがいは、自分の考えた商品が世に出て、たくさんの人が「おいしい！」と喜んでくれることです。また、お客様から、その企画おもしろいねと賛同していただけたときや、一緒にとりくもうと声をかけていただけたときも、ガッツポーズしたくなるほどうれしく思います。

社内でも、研究や営業など多くの部署と関わるため、採用になったときの喜びを部署を越えて共有できます。それが、**次のしごとにとりくむエネルギー**になります。

さらに、最近は、海外市場を視察することもあるのですが、日本ではあたりまえのことがそうでないなど、自分の常識が通用しないおもしろさを感じ、とても刺激になっています。

オススメです！

「食べる」しごとがたくさんある！

食品開発職では、「食べる」しごとが本当に多くあります。データや見た目がよくても、**実際に食べてみてどうかが一番重要なポイントだからです。** まだ世に出ていない新商品を試食できることや、なかなか食べることのできない「焼きたて」のパンを食べることができる特別感も、このしごとならではのメリットです。食べることが好きな人にオススメします！

このしごとに就くには⁉

特に資格は必要ありません。たとえば、ふだん何気なく食べているパンに、「なんでこのパンを買ったのだろう？」と目を向けてみて、そこにどんなニーズがあるかを考えてみたり、「こんなことできたらいいな」というアイデアを考えてみたりすると、将来のしごとに結びつくのではないでしょうか。

ひとつのパンからでも、どんな人がどうやって食べているのかを考えると、さまざまなストーリーが生まれます。ちょっと視野を広げ、社会や経済の状況などについても考えてみるとよいと思いますよ。海外では食市場が大きく伸長している国もたくさんあり、働く場は世界中にあります。グローバルな視点で一緒に食品開発をしてみませんか？

ワンポイントアドバイス！

14

企業での研究開発

塗料の研究開発

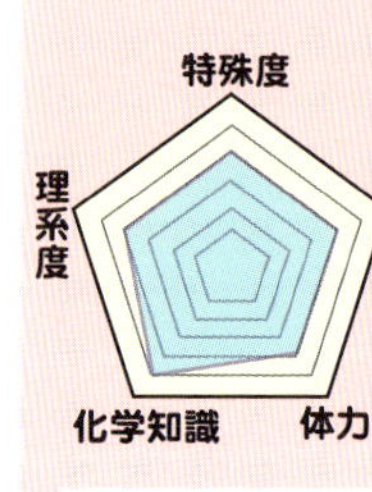

さまざまな材料の配合を工夫して、今までにない新しい塗料を、企画・開発するしごとです。

プロフィール

川元 環（かわもとたまき）。現・大阪府立大学工業高等専門学校工業化学科卒業後、2009年に日本ペイント株式会社（現・日本ペイントホールディングス株式会社）に入社。現在はR＆D本部に属し、新たな塗料技術の開発に携わっている。

何をしてる？ 材料を混ぜて保護機能と美観を生み出す！

塗料は一般にペンキともよばれ、自動車、電車、橋、建物の内外壁など、さまざまなものを雨や光などから保護したり、美観を付与したりする目的で使われています。塗料は多くの材料を混ぜ合わせてつくります。それをハケやスプレーで塗り、乾燥させることで、「塗膜」となって機能を発揮します。

塗料づくりから塗膜になるまでの過程は、ケーキづくりに似ています。ケーキは、

①メインの生地材料である小麦粉とバター
②つなぎの卵
③焼き色を付けるための砂糖
④生地の粘り調整のための牛乳や水

を混ぜて型に入れて焼き、スポンジをつくります。そこに

⑤その他の材料、フルーツやクリーム

などで飾りをつけ、完成します。

一方、塗料には、次のものが含まれます。

①メインの材料である樹脂
②それを固めるための硬化剤
③色を付けるための顔料
④粘りを調整するための溶媒（水）
⑤その他の添加剤

それらを混ぜて塗装し、乾燥させることで塗膜が完成します。**混ぜ物なので、材料配合のバランス、混合方法などで性質が大きく変わります。**私たちは、それらを考えながら塗料を設計することで、生活に彩りと快適さ、安心を提供しています。

どんなしごと？ これまでにない新しい塗料を！

私が現在所属する部署では、塗料に関わる基盤研究のほかに、**これまでにない新しい技術をつくる**というミッションがあり、私は後者のしごとをしています。

ある1日の様子

8:20	出社 ラジオ体操
8:30	朝のミーティング メールチェック 新聞を読む
9:30	実験と考察
14:00	一連の実験のまとめと資料作成
15:00	社外で最新技術セミナーを受講
17:00	退社

開発した新しい技術のおもしろさを、いろいろな人に知ってもらうため、(おもちゃのような)体験キットなどをつくり、展示会で積極的にPRする活動もおこなっています。

具体的に開発事例をひとつご紹介します。「**塗装で和紙のような風合いを得られる**」というものです。和紙は、その風合いや機能から近年注目を集めています。しかし、球体などの平らでない表面には和紙の貼り付けは難しいです。

ある一週間の様子

月曜日	一週間の予定をチーム会議で共有。その場で自分が最近おもしろいと思ったニュースも紹介。その後、直面する課題について改善計画を立てる。
火曜日	実験と考察をくり返す。実験で起こっている現象をよく観察し、「なぜ起こったのか」「どのように制御すべきか」を考える。
水曜日	展示会に参加し最新技術に触れる。実際に担当者と話すと新たな視点でのアイデアが出やすい。帰社し、報告書作成。
木曜日	部内会議で昨日の出張内容と、これまでの実験の経過を報告。意見や助言をもらい、次週の予定を立てる。
金曜日	以前完成させた技術をお客様にアピールするため、展示会への参加が決まった。展示会で使用する技術資料・体験キットを作製。

上は、和紙調塗料をPRするためにつくったキットです。下は、展示会で私が技術を紹介している様子です

そこで、もし塗るだけで和紙の風合いが出せたら、和紙テイストのさらなる普及につながると考えたのです。試行錯誤をくり返し、ついに、右上の写真に示すような、和紙の風合いを塗装で表現することに成功しました。

化学との関係 求められる性能を化学をもとに！

塗料や塗膜に求められる性能はさまざまです。たとえば、「塗料として、時間が経っても粘度が変わらない・塗りやすい」、「塗膜として、水に強い・光で変色しない・汚れにくい」などです。それらには、**物質の化学構造や、物質間での化学反応が関与**しており、私たちは日々あらゆる場面において化学と接しています。

現在の私のしごとでは、一から新しい技術をつくるために、世の中にある新しい情報から着想を得ることが多くあります。そのときにも、どんな物質でどんな反応を使っているのか、その物質の特徴はどのようなものか、塗料にも活かせないかなど、化学に関する情報をもとに考えることが多く、化学の知識を使います。

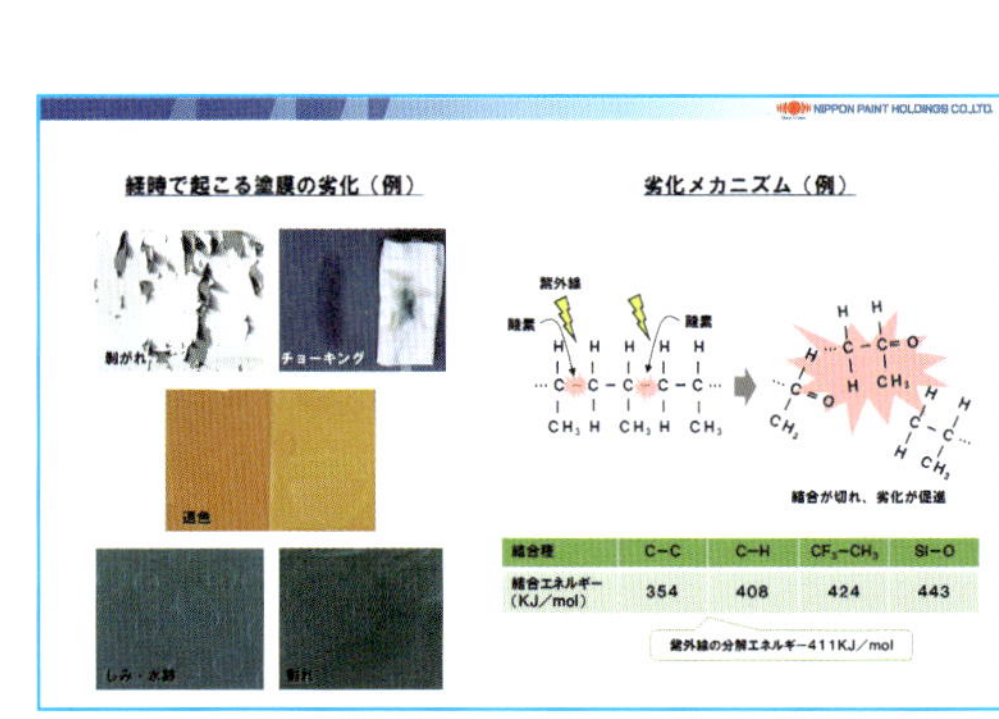

起きている現象を科学的に考え、次のステップにつなげます

志望理由は？ ケーキづくりの体験から！

私は、幼いころから、お菓子づくりが得意な母の影響で、よくお菓子をつくっていました。家族の誕生日には手づくりケーキで祝うというのが習慣でした。あるとき、近くのスーパーにいつも買う小麦粉が売っておらず、代わりの小麦粉でケーキをつくったところ、分量は同じはずなのに、ケーキがいつもよりしっとりしていることに気づいたのです。これは同じ小麦粉でも性質（吸水性）が異なるためだったのですが、材料によって性質が変わるものの可能性におもしろさを感じました。

また、学生時代にボランティアで塗料を塗る機会があり、無機質なものに色を加えることの楽しさを実感し、「色」を扱うしごとがしたいと思い、塗料に興味をもちました。

やりがいは？ アイデアを形にできた喜び！

一から新しい技術をつくるときには、多くの苦労があります。新しい技術の種となるアイデアが出てこない、出てきたとしてもそれをなかなか形（技術）にできない……などです。

アイデアを出すためには、展示会などでさまざまな人と話をしたり、塗料以外の分野のことを勉強したり、できるかぎり視野を広げて情報を収集します。

そして、技術を完成させるためには、**起こっている現象をきちんと観察し、何を解決すべきかを徹底的に考え、実験を重ねます。**

そうした活動を通して形にできたときには、思いもひとしおです。技術を展示会や会議で披露し、お客様から「おもしろい」「使いたい」とコメントしてもらえたときは、さらにうれしいです。

課題についてアイデアを出し合います

オススメです！ プレゼンのスキルも身につく！

できた技術についてわかってもらうためには、その技術の新しさ、おもしろさをいかにわかりやすく伝えられるかが重要です。そのために、私たちは**体験キットや資料の作成（デザイン）、動画作成などもします。**化学的な知識だけでなくこのようなスキルも身につけることができます。

また、しごとの特性上、異なる会社の方々と関わる機会も多いので、人脈を広げられることもよい点だと思います。

このしごとに就くには!?

化学と接する機会が多いので、大学で化学関係（理・工学系）を専攻することが望ましいでしょう。現実は、予想と異なる現象が起こることが多いので、学校の授業で、ものごとをきちんと観察し、筋道立てて考えられる力をつけておくとよいと思いますよ。

最近はしごとの内容も徐々にグローバルに拡がり、実際にしごとで英語を使う機会も多くなりました。ですので、英語も勉強しておくとなおよいと思います。楽しみながら続けてくださいね。

15

企業での研究開発

繊維の研究開発

プロフィール

牧野正孝(まきのまさたか)。東京工業大学大学院理工学研究科有機・高分子物質専攻修士課程修了。2007年に東レ株式会社入社。2007～14年は化成品研、2014年からは繊維研に所属。新規ポリエステルの重合研究や新規繊維創出をおこなっている。1児(2歳)の父。

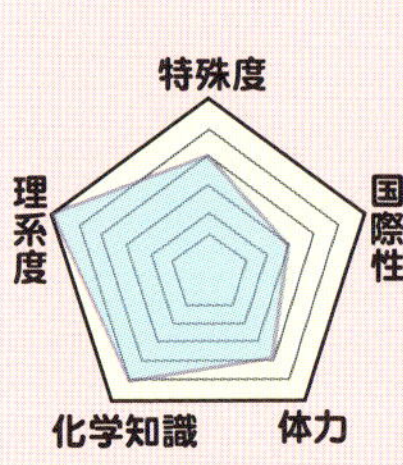

新しい価値を付与した繊維を市場に提供するため、高分子の実験や試験を重ねて、研究開発しています。

何をしてる？

着心地のよい新しい繊維を！

私が勤めている東レは、新しい価値を創造して社会に貢献することをめざしています。東レが扱う素材には、高分子からなる繊維、フィルム、プラスチックが含まれており、これら素材の力で社会をよくしようとしています。

たとえば、「ユニクロ」の「ヒートテック®」や「エアリズム®」には、東レの繊維が使われています。**従来の繊維では表現できなかった着心地のよさ（柔軟性、蒸れのなさ、暖かさ、速乾性）を実現できた**ため、多くのお客様に新しい価値を認めてもらい、今では広く認知された商品となっています。

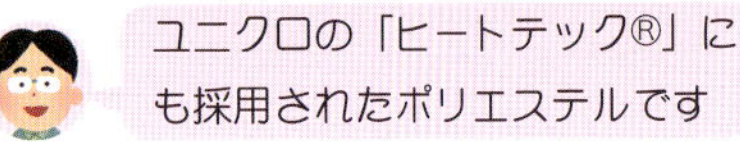

ユニクロの「ヒートテック®」にも採用されたポリエステルです

どんなしごと?

PDCAサイクルを回して研究！

「もっと着心地のよい繊維」を目標に、日々、研究をおこなっています。この研究には、多くの人が関わっています。たとえば、繊維の材料となる高分子を分子構造から設計する人、その高分子を製造する人、高分子から繊維をつくる人、繊維から布地にする人、布地の色をつける人、布地から服をつくる人、できた服を着たときの快適性を測定・評価する人、などなどです。これらのうち、私のしごとは**「繊維の材料となる高分子を分子構造から設計すること」**です。

まず「着心地のよさ」とは、どういった感覚が求められているかを考えます。

次に、その感覚を感じるために必要な特性を考え、それを素材の特性まで落とし込みます。最後は、「そのために必要な分子構造は?」「その分子構造はどうすればつくれるのか?」を考え、アプローチ方法（高分子の成分、触媒など）を決めます。

続いて、実際に手を動かして、できたモノが当初予定していたモノなのかを検証します。もし、違えば、「何がいけなかったのか?」「どうすればよいのか?」を考え、再び、アプローチ方法を考えます。

もし、予定していたモノと同等なモノができたのであれば、「もっと手間のかからない方法はないか?」といった、アプローチ方法のレベルアップについて考えます。

ある1日の様子

8:30	業務開始 メールチェック
9:00	実験準備 試作対応
11:00	実験開始
13:30	試作立ち会い
16:00	実験終了 片づけ
17:00	デスクワーク
20:00	退社

ある一週間の様子

月曜日	午前は、先週の進捗と今週の予定についてグループミーティングで報告。午後は、部署の月1回の月例会と、特許関連の調査・執筆。
火曜日	午前は、会議資料を作成し上司へ提出。午後は、関連部署とのTV会議と、明日の実験準備。
水曜日	一日中、ポリマー重合の実験。重合条件がポリマー物性に与える影響について検証するために、重合条件を変更し、新規ポリエステルを重合する。
木曜日	この日は、ポリマー評価の実験。試作したポリマーの物性評価（分子量、溶融粘度、融点）。
金曜日	来週のグループミーティング用に今週の実験結果をまとめる。特許関連の調査・執筆も。

このように、研究のしごとには、「新しいモノの創出」と「既存技術のレベルアップ」の二つの面があります。

そして、研究開発では、

P（①計画：Ｐｌａｎ）
D（②実行：Ｄｏ）
C（③評価：Ｃｈｅｃｋ）
A（④改善：Ａｃｔ）

のサイクルを回すことが重要となります。

化学との関係　高分子の知識を生かして！

新規繊維に用いられる新しい高分子を創出するためには、化学のなかでも、**高分子化学の知識が求められます。**高分子の性質や、高分子のつくり方、高分子の評価方法を知っておく必要があります。

また、繊維の知識も必要です。「糸をつくる」のは物理寄りの世界ですが、「糸を染色する」のは、染料の分子構造を考慮する必要があるため、化学の知識が必要です。

試作したポリマーの分子量評価装置を起動しています

志望理由は？　中空糸の調査がきっかけで！

小学校高学年くらいから理科が好きで、中学でも文系より理系の勉強が楽しかったので、高校は迷わず理系を選択しました。受験勉強を始めると、化学がおもしろくなったので、大学は化学系の工学部に入学しました。

大学1年生のとき、ろ過フィルターに用いられる中空糸について調査する課題がありました。中空糸に対する私の捉え方は、「穴の空いている糸」という、漠然としたものでした。調査を進めていくと、中空糸は高分子からできていて、同じ高分子から糸やフィルムといったまったく異なる用途展開も可能なことに、気づかされました。そこから、私たちの身の回りには、非常に多くの高分子製品があって、生活を豊かにしてくれている、というふうに考えるようになりました。

それまでは、受験勉強で楽しかった無機化学に進もうと思っていましたが、この講義課題がきっかけとなって高分子化学を選択し、新しいモノを創出したかったので、ポリマー重合の研究室に入りました。

なかでも私は、「衣服」が一番人間の生活を豊かにすると感じていましたので、繊維会社で繊維の研究をしたいと思い、東レに入社しました。

やりがいは？ 世の中にない世界初のモノ！

「自分がつくっているモノは、まだ世の中にない世界初のモノ」という誇りを感じながら、実験ができるので、やりがいがあります。私が携わった「まだ世の中にない世界初のモノ」でつくった服を、みなさんが何気なく着ている、そんな日が早く来ることを願って、毎日、実験しています。

オススメです！ 失敗を乗り越えた先の喜び！

自分ひとりだけでは、テーマを前進させることはできません。おのずと多くの方々の協力が必要となります。

ポリマー作成でも、**「ラボ（数百グラム）」→「パイロット（100キログラム）」→「生産機（1トン）」へとスケールアップする**とき、多くの関係部署と相談しながら進めます。しかし、**なんの問題もなく終わることはほとんどありません。**

以前、なんとか100キログラムスケールのパイロット設備で問題のない条件を見出して、関係部署と連携して1トンスケールの生産機試作をおこないました。しかし、得られたポリマーで溶融紡糸をおこなうと、すぐに糸が切れてしまいました。分析結果から、ポリマー中に異物が多くあるため、糸がつながりにくくなっていることが判明しました。つまり、関係者が汗を流しながらつくった、せっかくの1トンのポリマーが、一瞬にしてゴミに変貌したのです……

気持ちを切り替え、条件の見直しをおこない、異物が発生する条件を見出すことができました。次の検討は、「どうやってその異物をなくすか」です。本命と考えた温度等の条件変更でも効果がありませんでしたが、添加量を変更することで異物発生量が低減することを、ようやく突き止めました。

この条件をさらにブラッシュアップして、異物が発生しなくなる条件を見出すことができ、2回目の生産機試作で、何ら問題のないポリマーができたときは、みなで喜びました。

このように、いろいろな分野の方々と、苦労しながら一緒にしごとを進めていく楽しさもありますよ。

このしごとに就くには!?

理学部や工学部の化学系を専攻するとよいと思います。物理専攻の方もいますが、化学専攻の割合が非常に高いです。高分子化学の知識があるとよいですが、会社に入ってからでも得られますので、高分子を専攻する必要は必ずしもありません。

ふだんから、身の回りの事がらに対して疑問をもち、「なぜだろう?」「どうしたらよいのだろう?」「自分だったらこうするな」といったことを自然と考えている人が、研究開発のしごとに就いている割合が多いような気がしますよ。

16

企業での研究開発

研究開発の分析

プロフィール

伊藤美穂（いとうみほ）。京都大学大学院工学研究科修士課程を修了後、2001年に三洋化成工業株式会社に入社。研究技術部に所属し、研究開発に必要な分析支援をおこなっている。

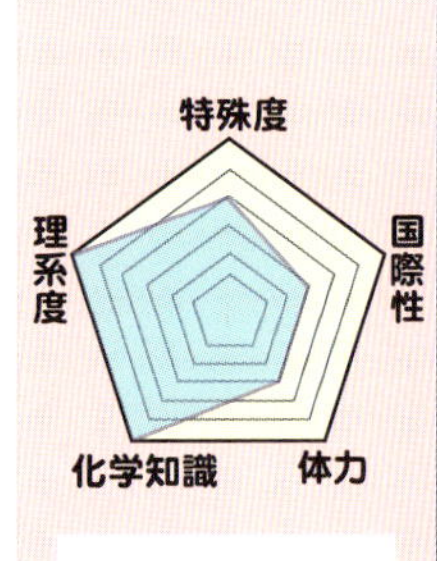

研究開発部の研究員から相談を受けたことについて、分析機器を使って原因や対策を突き止め、アドバイスするしごとです。

何をしてる？

すぐれた機能をもつ化学製品素材をつくる！

シャンプー、おむつ、塗料、衣服、スマホ、自動車……、私たちの日常は、化学製品であふれています。私が勤める三洋化成は、汚れを落とす界面活性剤（洗剤）や水を吸収する吸水性樹脂（おむつ）など、**すぐれた機能をもつ化学製品の素材を製造**しています。そのことを通じて、**暮らしや産業のさまざまな場面を、下から支えています。**

どんなしごと？

材料開発を分析面から支援！

私の所属する研究技術部は、会社内の分析センターのような部署です。**研究開発部の研究員から分析の相談を受け、それに適した分析法を提案しています。**主な相談内容は、次のようなものです。

- 目標とする材料の組成分析
- 性能が発現するメカニズムの解明
- 目的の材料ができているかの確認

●異臭などのトラブルの原因究明

それらの課題に対して、**どの分析機器でどんな分析をしたらいいかを考えて提案し、解決に導きます。**

使用する分析機器は、

■核磁気共鳴装置（NMR）
■赤外分光計（IR）
■紫外可視分光計（UV-Vis）
■ガスクロマトグラフ（GC）
■液体クロマトグラフ（LC）
■質量分析計（MS）
■原子吸光（AA）
■ＩＣＰ発光
■蛍光Ｘ線（XRF）
■電子顕微鏡（SEM、TEM）

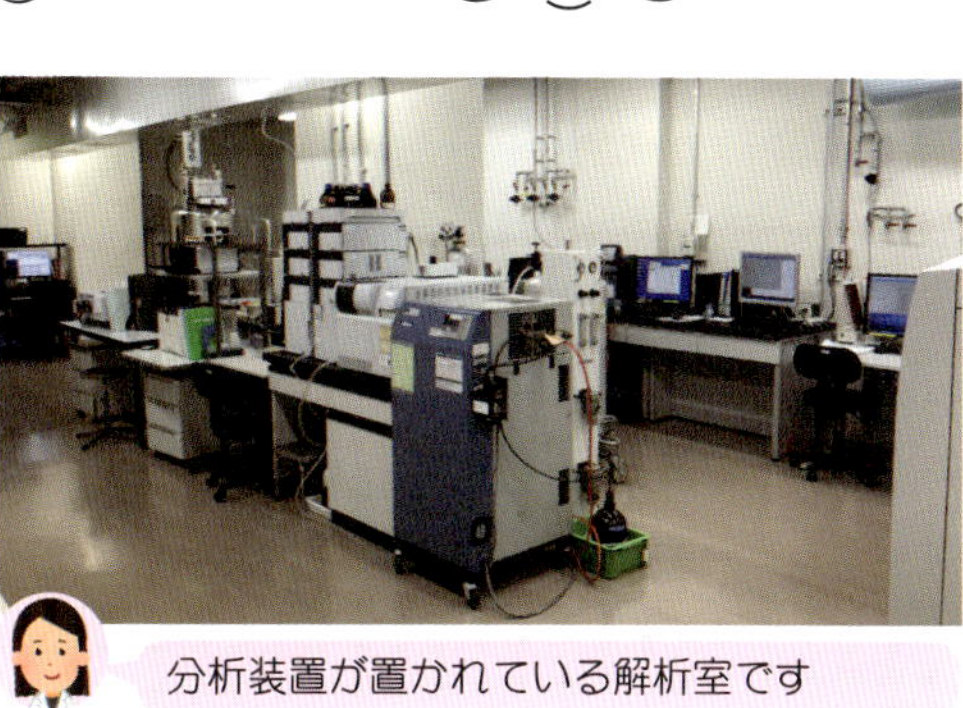

分析装置が置かれている解析室です

■ ある１日の様子

8:30	出社 メールチェック
9:00	前日の部下の測定結果確認および指示
10:30	他部署からの分析相談
11:00	分析装置のトラブル対応
14:00	他部署からの分析相談
16:00	部内ミーティング
17:00	議事録作成
18:00	退社

などです。あまりなじみがないかもしれませんが、これらはみな研究開発に欠かせない分析機器です。

たとえば、相談事例としては、こんなことがありました。

海外に出荷した製品の容器ドラムのふたに白色異物が付着しているとクレームがあり、その原因を調べたいというのです。そのふたは、ユニクロメッキ処理（亜鉛メッキの上にさらに薄くクロメート被膜を形成）されたものでした。

■ ある一週間の様子

月曜日	午前は、他部署から依頼された社外分析の調査。午後は、検討していた分析結果について本社メンバーとテレビ会議。
火曜日	午前は、研究所に不安全なところがないか安全衛生パトロール。午後は、分析や装置に関する細かい質問を受け付け。
水曜日	午前は、分析機器が故障しメーカーに修理依頼。午後は、文献検索ソフトメーカーによる説明会に参加。
木曜日	午前は、部長に検討テーマの進捗状況報告。午後は、重要来客に分析機器を案内した。
金曜日	午前は、社内で困っていることを大学の先生に相談する会に参加。午後は、進捗会で部署の他の検討テーマの状況を聞いた。

私は、ふたに付いた白色部分をかきとり、走査型電子顕微鏡／エネルギー分散型X線分光法（SEM/EDX）で分析しました。

すると、C（炭素）、O（酸素）、Zn（亜鉛）が検出され、亜鉛のさびであることがわかりました。ドラムのふたに雨水などがたまると、クロメート層が徐々に溶解し、水が亜鉛層まで到達して亜鉛のさびが発生した、と結論づけました。

再発防止策として、ふたに水がかからないよう天板保護カバーをつけ、お客様にも納得していただきました。

初めての相談内容の場合、私自身も解決法がわからないことも多く、インターネットや文献を調べたり、分析機器メーカーに問い合わせたりします。社内で対応できない場合は、社外に測定を依頼します。

そのほか、保有する分析機器を管理したり、学会やセミナーを受講して分析の新しい知識を深め、社内に取り入れたり、必要な分析機器の導入や更新も計画的におこなっています。

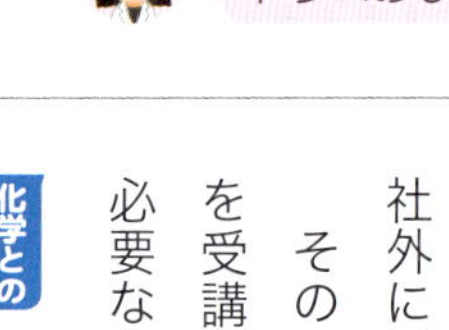

問題となった容器ドラムのふたです

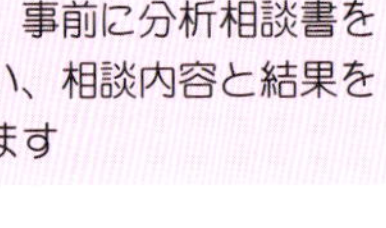

注）青枠内に相談内容記載の上、分析相談書発行手順（研究構承振一6.研技部関係一様式にあります）に従って発行ください

研技部（ 伊藤 ）U長

分析相談書
（コンサルティング・分析依頼）どちらかに○

分析相談書発行年月日 2018年 7月 11日

依頼部署	U長	担当者	内線

分析相談タイトル	容器ドラムのふたに付着した白色異物の分析
相談の背景（課題は明確に）	台湾　　に　　として　　（ドラム）を販売している（　　万円／年） ドラムのふたに白色異物が付着しているとのクレームがあり、台湾に出向き、ドラムのふたに付着している白色異物を拭い取り、持ち帰った。 白色異物が何かを分析したい。
何を知りたい？	白色異物の成分
研究テーマ名	なし
目玉アイテム	（Yes（No））（ 該当アイテム名 ）
何に使うデータ？	ユーザー報告用 ・ 社内会議用 ・ R&D ・ 製審部関係 ・ その他（ ）
希望納期	設定理由（ 7月末までにユーザー報告 ）のため（7月20日まで）に結果報告希望
添付資料	（あり）（ ） ・ なし

回答書 分析相談No.：2018-111
（研技部記入欄） 申請書No.：

回答年月日 2018年 7月 13日

研技部長	担当U長
	伊藤

打合せ実施結果

日時	'18/7/11 13:30～	場所	桂3F
参加者 依頼部署			
参加者 研技部	伊藤		
分析リーダー、担当		分析予定日	8月31日

打合せ内容

白色異物は、すべてのドラムではなく、1本2本程度。出荷時にはない。
ドラムのフタ　ユニクロメッキ処理（亜鉛メッキ後、クロメート処理されている。）

SEM／EDX測定 7/18予約済

結果報告欄

貴部署において本結果をどのように活用されたか記載し、研技部まで返信下さい。

結果報告年月日 2018年 8月 3日

U長	担当者

SEM/EDXより、C、O、Znが検出された。
「白色異物」の主構成元素は「亜鉛」だった。
「鉄」は検出されなかった。
ドラム素材の「亜鉛鋼板」の表面処理層である「亜鉛」が酸化したものと推定される。

添付の通り、ユーザーへ報告した。

分析相談は、事前に分析相談書を書いてもらい、相談内容と結果を記録しています

化学との関係

まさに化学に囲まれた職場！

私の職場は、まさに化学に囲まれています。**ほとんどの分析装置は、その原理と測定・解析結果を理解するのに、最低限の化学の知識が必要です。**分析の依頼を受ける際も、サンプルの内容を理解したり、相手がどういう結果を望んでいるのかを理解するのに、化学の知識があるほうがスムーズに進みます。また、測定がうまくいかないときに、試行錯誤するときにも化学の知識が役立ちます。

しかし、決して難しい化学の知識が必要なわけではなく、教科書レベルの基礎的な知識があれば大丈夫です。

志望理由は？

会社が関西にあったことも！

子供のころから理科が好きで、理科に関わるしごとができたらと思っていました。そのころは理科の先生くらいしか思いつかず、ほかにどんなしごとがあるのか知りませんでした。

大学は工学部の化学系を選んだのですが、そこで、研究室

の卒業生の多くが化学メーカーに就職していることを知り、私も化学メーカーに就職しようと思いました。そのなかでも三洋化成は、研究所が京都にあり、関西出身の私にとっては魅力的な会社でした。入社するまでどんなしごとをするのか、正直わかっていませんでしたが、結果的に、ほどよく化学に携わるしごとができて満足しています。

やりがいは？ 開発に携わらなくても会社の役に立てる！

分析は、化学メーカーにとって必要不可欠な技術です。ときに、研究開発の方向性を決める重要な役割を果たします。研究開発部の研究員から相談を受けたとき、**的確なアドバイスをすると、とても感謝してもらえます。**わからなかったことがクリアになる爽快感や、難しい分析法を確立できた達成感も味わえます。直接開発に携わっていなくても、それを支援するしごとで会社の役に立っていると実感できる瞬間です。

分析装置は正直です。どんな測定結果にも必ず理由があります。予想外の結果が出たとき、その原因を考えるのもおもしろいです。「単に装置の特性を知らなかった」「仮説がそもそも間違っていた」など、原因はさまざまです。また、**分析装置のことをよく知り、こまめにメンテナンスをしてあげると、機嫌よく稼働してくれる気がします。**

分析相談の様子です

オススメです！ 毎日相談が舞い込んできて！

三洋化成の扱う製品は幅が広く、分析するサンプルは、さまざまです。相談内容も、新しいものが次々と持ち込まれます。過去の知見で答えられるものもありますが、多くは、新たに調べて、聞いて、考えたうえで回答します。決して飽きることはなく、**日々宿題をいただいて勉強させてもらうような気分になり、感謝しています。**

このしごとに就くには!?

研究職としての採用は、大学の工学部、理学部、農学部の大学院出身者が多いですよ。化学に興味をもって、日ごろから身の周りで起こっている化学現象に対してなぜそうなるのか考えてみてくださいね。

化学はとても身近な学問です。そして分析は、不思議な現象を解き明かす最もストレートな手段です。身近な「なぜ?」を一緒に解明しましょう。

コラム 化学のしごとを考えている若いあなたへ 2

土屋裕弘
（つちやみちひろ）
1947年生まれ。京都大学大学院薬学研究科博士課程修了（薬学博士）。田辺製薬㈱入社後、応用生化学研究所、経営企画部長、研究本部長などを経て、田辺三菱製薬㈱代表取締役社長、会長を歴任。現在は相談役。2011～12年近畿化学協会会長。2016～18年関西医薬品協会会長。

どんどん対象が広がっていくことこそが化学の醍醐味
――人類の課題に挑む化学者の仲間に！

みなさんは小学校の夏休みの自由研究で何をしましたか？　私は、アリの巣作り、ユズムシ（アゲハチョウの幼虫）、カイコの変態の観察や気象観察（温度・湿度と雲量の関係の調査）をしました。そして、自然を観察する理科に興味をもちました。その後、中学・高校へ進み、とくに化学に惹かれました。物理で扱う「力」や「電気」は理屈でわかっても目に見えませんが、化学実験による変化は目で見てわかる点が気に入ったからです。大学は「化学」がつく学科を志望しようと、化学科、工業化学科、合成化学科、化学工学科、高分子化学科、農芸化学科などを考えていましたが、最終的に、製薬化学科のある京都大学薬学部を選びました。

その後、博士号をとって製薬会社に就職し、新しいクスリのタネをつくるしごとにつきました。自分のつくる化合物が、治療薬のなかった患者さんを助けるかもしれないと考えると、やりがいを感じたものです。今や、生命現象を化学の手法で解明し、スーパーコンピュータを使って新しい材料を設計するなど、化学が扱う対象は、私の中・高時代と比べてはるかに広がっています。その広がりこそが、化学の醍醐味です。

かつてマルサスは『人口論』で、人口は幾何級数的に増加するが、食糧は算術級数的にしか増加しないので、必ず食糧不足になると説きました。産業革命後の人口増で食糧危機が現実問題となった20世紀初め、空気中の窒素からアンモニアを合成するハーバー・ボッシュ法が窒素肥料の化学的製造を可能にし、人類は食糧危機を克服しました。近畿化学協会は、今から100年前、産官学の垣根を越えた化学者の集まりから始まり、そのハーバー博士来日の歓迎母体ともなりました。

この本には多くの化学者の先輩が、それぞれの立場で社会をよりよいものにするためにとりくんでいる、さまざまな「しごと」が紹介されています。学校での勉強は、理科や国語、社会、数学、あるいは化学、物理、生物など教科別になっていますが、社会に出てからのしごとは、ひとつの教科の知識だけでは不十分です。中心となる専門性を身につけたうえで、多くの知識や技術と組み合わせることが大切です。

化学はこれからも対象を広げ、人類の課題を克服するイノベーションによって、高付加価値・省資源・省エネルギーの知識集約型産業を創成し、発展させていくことでしょう。さあ、あなたも未来のイノベーションをつくる化学者に仲間入りしませんか？

第Ⅲ部

企業での製造・販売・管理のしごと

品質保証

プロフィール

直原 敦（じきはらあつし）。神戸大学大学院工学研究科修士課程修了後、1993 年株式会社クラレ入社。研究開発部、知的財産部、ポバール生産部等を経験。その間、山口大学で博士号取得。現在、ポバール樹脂事業部グローバル品質保証リーダー。右から２番目が私です。

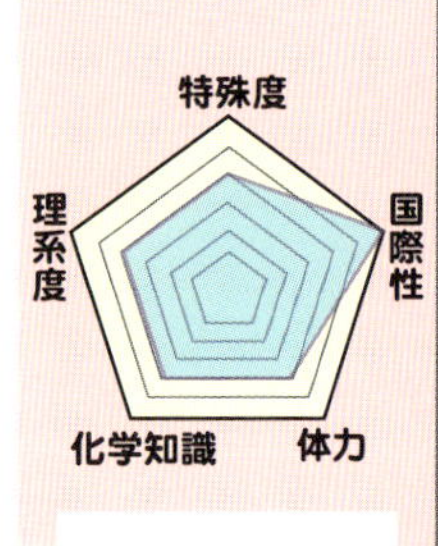

製品を開発、製造、提供するまでの全プロセスを管理し、問題があれば解決して、要求どおりの製品品質を保つしごとです。

何をしてる？

品質保証で製品価値を高める！

私は、ポバール樹脂事業部という部署で「品質保証」のしごとをしています。水溶性の高分子化合物で、身近な生活で使用されています。「ポバール（ポリビニルアルコール）」は、たとえば、最近はやりのジェルボール洗剤を包んでいるフィルム（洗濯機の中で水に溶ける）の原料にもなっています。

「品質」については、いろいろなとらえ方がありますが、当社では「顧客（お客様）のニーズを的確に把握し、これに応える価値を提供して満足を得ること」と定義しています。

ですから、「品質保証」のしごととは、**顧客の要求どおりの製品を提供することを保証する**ことであり、**顧客の満足を得るための活動**なのです。それによって製品ブランド価値を高める役目を果たします。

どんなしごと？

業務プロセス全体に関わるしごと！

品質保証についてもう少し詳しく説明します。会社組織が売上、利益などの事業目標を達成するには、自社の業務プロセス全体を把握し、そのなかの個々の業務プロセスを、運営・管理する必要があります。

次ページの図に、製造業の典型的なプロセスマップを示しました。**品質保証は、業務プロセス全体にわたって、問題解決を図る活動です。**そのため、業務プロセスに関わる全員が参加し、組織横断的にとりくむ必要があります。

私は、品質保証リーダーとして、各業務プロセスの責任者とコミュニケーションを図り、品質問題の迅速な解決をリードするしごとを担当しています。

たとえば、ポバールは、化学プラントで製造されるため、工程内の腐食による金属片や、乾燥工程で過剰に熱せられることによる着色など、製品中に異物が混入するリスクがあり

$$-(\underset{\displaystyle OCOCH_3}{CH_2-\underset{|}{CH}})_n-(\underset{\displaystyle OH}{CH_2-\underset{|}{CH}})_m-$$

ボパール（ポリビニルアルコール）の化学構造式です

用途事例一覧

ブランド名	クラレポバール	エクセバール
用途	・エマルジョン重合安定剤 ・ビニロン繊維原料 ・ブチラールフィルム原料 ・繊維用加工（糊）剤 ・紙加工材 ・接着剤 ・塩化ビニル重合安定剤 ・光学用ポバールフィルム原料	・エマルジョン重合安定剤 ・水溶性繊維 ・耐水性接着剤 ・紙加工剤 ・光学用ポバールフィルム原料

液晶画面用偏光板　セメント/樹脂補強剤　窓ガラス中間膜　洗濯/切手などの糊

ボパール製品の用途例です

ある1日の様子

8:00	出社 USAのメンバーと品質に関わる電話会議
9:30	メール確認とその回答
10:30	会議議事録の作成
13:00	来客対応
14:00	品質データの分析作業
18:15	退社

★通常業務時間帯は 9:00 ～ 17:45。

ある一週間の様子

月曜日	岡山事業所に出張し、月度の品質保証会議を開催。
火曜日	東京本社にて。午前は企画立案。午後は、顧客問い合わせへの回答作成。
水曜日	東京本社にて。午前は社内会議。午後は社外講演会の受講。
木曜日	東京本社にて。午前は企画立案。午後は会議資料作成。
金曜日	東京本社にて。午前は顧客対応会議。午後は、来客対応と顧客回答の作成。

ます。通常は、生産工程内での除去設備などで流出を防ぎます。しかし、まれにお客様まで届いてしまい、クレームを受けることがあります。そのような場合、次の三つの処置・措置をおこない、問題を解決します。

① 応急処置
(1) 顧客での不具合発生状況の確認
(2) 事実の把握（原因特定、変化点の把握）
(3) 被害拡大防止（波及範囲特定、出荷停止、製品回収）

② 是正措置
(1) 原因究明→どの段階で混入し、なぜ流出したか分析
(2) 恒久対策→ハード対策（金属探知機等）、作業標準改訂、検査の強化

③ 予防措置
(1) 類似の不具合の発生防止→異なる要因や別の製品でも発生する可能性を考えて対策実施（ハード対策等）

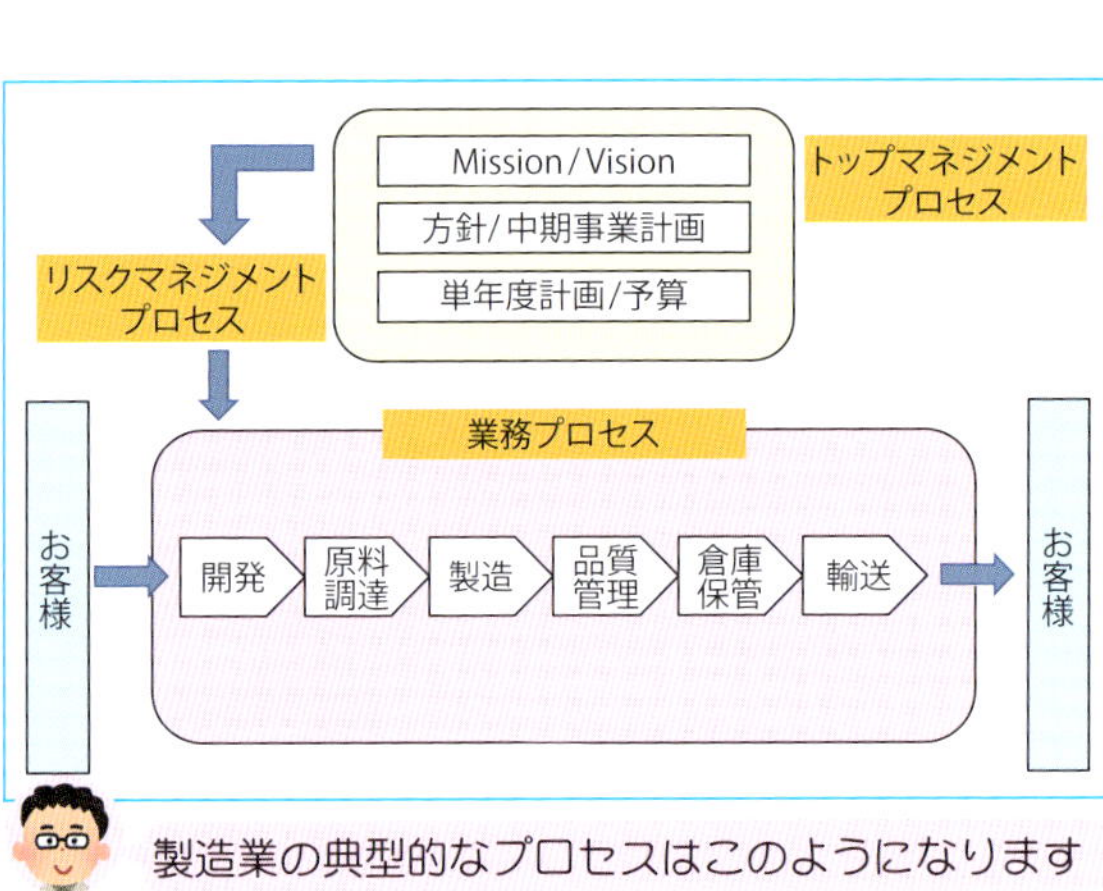

製造業の典型的なプロセスはこのようになります

対応にあたる際は、現場・現物・現実をもとに問題点をとらえ、原理・原則にもとづいて判断し、行動することが重要です（「五ゲン主義」とよんでいます）。

そして、**品質保証担当者には、製品知識と業務プロセスの全体を理解し、発生した問題を速やかに解決できる、行動力、判断力、リーダーシップが要求されます。**

化学との関係 クレーム対応にも化学の基礎が役立つ！

私は、入社以来、約14年間、ポバール樹脂製品の研究開発に携わってきました。ポバールをつくるには、重合や加水分解という化学反応を使います。ですので、製品知識と生産システムの理解には、高分子化学や有機化学の知識が必要です。

また、顧客からクレームを受けた際の解決には、先方でのポバールの使用方法の理解が欠かせません。たとえば、乳化剤として使われている場合は、大学で学んだ界面化学などが基礎となり、問題解決に非常に役立っています。

志望理由は？ 品質保証は経営そのもの！

研究開発をしていたころの私は、品質管理や品質保証には無頓着で、すべてを生産工場任せにしていました。たとえば、「研究開発の試作サンプルの評価結果を、実際の工場での品質検査にいかに反映するのか？」とか「生産で避けられないばらつきを加味した規格はどのように決めるのか？」などに

は、まったく関心をもっていませんでした。

しかし、研究を離れ、いくつかの職務経験を重ねるなかで、**業務全体の問題を改善していく品質保証のしごとは、経営そのものであることに気がつきました。**そして、品質保証に携わってみたいと考えるようになったのです。

エチレン
酢酸
酸素
ガス精製
酢酸ビニル合成
酢酸ビニル
蒸留
ポリ酢酸ビニル
メタノール
重合
苛性（かせい）ソーダ
鹸化（けんか）
分離
乾燥
PVA

ボパール樹脂の製造プロセスはこのようになります

やりがいは？ 粘り強く必要性を説明！

品質保証のしごとは、顧客の要求どおりの製品を保証することです。もし、これを阻害する社内や社外の問題があれば、火消しをしなくてはなりません。

しかし、業務プロセスを変革しようとすると、たいていの場合、抵抗にあいます。**粘り強く変革の必要性を説き、賛同が得られ、問題が解決できたときの喜びはひとしおです。**

また、顧客からクレームを受けた際、チームワークを発揮して迅速に問題が解決できれば、かえって顧客から信頼を得る機会となるので、やりがいがあります。

オススメです！ 国を越えて問題を解決！

ポバール樹脂事業部は、現在、日本と海外に生産拠点が計6ヵ所あります。そのため、品質保証業務もグローバルチームでおこなっています。国をまたがる顧客クレームを解決できた場合は、**国を越えて喜びを共有できますよ。**

このしごとに就くには⁉

品質保証には幅広い業務プロセスの知識が必要です。そのためには、複数のさまざまな業務プロセスを実際に担当することが近道です。未経験の業務にも、ぜひ積極的にチャレンジしてくださいね。

近年、いろいろな分野で品質問題が起きています。ほとんどは、コンプライアンス（倫理・法令を守る）意識の欠如が招いたものです。とくに、倫理を守ることが重要です。法令自体に問題があることもあるからです。社会人になるまでに、ぜひとも倫理感を身につけてください。

企業での製造・販売・管理 18

化学物質の管理

斎藤麻友子（さいとうまゆこ）。大阪市立大学大学院理学研究科修士課程修了。2008年荒川化学工業株式会社入社。ＵＶ硬化樹脂の開発に８年間従事したあと、現在は化学品情報グループにて、化学物質情報管理システム業務をおこなっている。

プロフィール

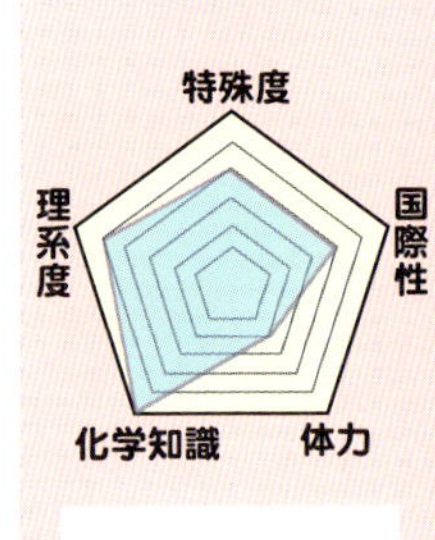

法規制を守って化学物質を安全に使用するために、物質情報をデータベースに登録し、すぐに利用できるようにするしごとです。

何をしてる？

化学品を安全に使うために！

高度経済成長期の日本では、有害廃棄物による公害が発生し、工場排水や排気ガスを規制するために、水質汚濁防止法、大気汚染防止法などの法律が制定されましたが、現在では、**製品中の危険有害性物質の規制が強化されています。**

私が勤める荒川化学は、紙の繊維をつなぎとめて強くする「紙力増強剤」、紙にインキを滲みにくくする「サイズ剤」、松やにからとれるロジンのネバネバした性質を利用した「粘着付与剤」などを製造し、生活に役立っています。

そうした化学品が安全に使われるように、「**どんな化学物質が含まれているか**」「**どんな危険性があるか**」「**どんな法規制に該当するか**」といった情報を提供し、製品開発に役立てるのが私のしごとです。

たとえば、特定の化学物質を、法律で決められている上限を超えて製品に含むことはできません。また、顧客から「塩素は○○ppm未満に抑えてください」などといった要求をいただく場合もあります。これらの要求基準を守ることができるように、製品情報を管理しています。

どんなしごと？

化学物質情報をデータベース化する！

当社は、紙力増強剤、粘着付与剤などの中間原料メーカーであり、紙や粘着剤などの最終製品は、顧客で製造されます。

顧客は、最終製品に有害な化学物質が含まれないことを保証するために、原料メーカーに対して「含有化学物質調査」をします。それを受け、原料に有害な化学物質が含まれないかを調べ、回答することで、規制法を守るようにします。

製品と原料の情報を登録します

ある1日の様子

8:30	出社 メールチェック
9:00	原料メーカーからの調査回答確認 原料情報の登録
13:00	研究開発グループへ出向き原料情報収集
15:00	規制法の勉強（自習）
16:00	開発グループと製品情報登録の打合せ
17:15	グループ内ミーティング（進捗や課題をメンバーで共有）
18:15	退社

私の所属する化学品情報グループでは、顧客からの含有化学物質調査に対して、正確かつ迅速に回答できるよう、化学物質情報管理システムを導入し、**製品と原料の情報をデータベースに登録しています。**当社で使っている原料については、原料メーカーへ含有化学物質調査をおこない、結果をデータベースに反映させています。

化学物質情報管理システムを構築することにより、製品情報をデータとして管理することができ、社内の情報共有化に

ある一週間の様子

月曜日	午前は研究発表会に出席。午後からは、化学物質管理連絡会にて最新の規制法情報を開発グループや営業、グループ会社と共有化。
火曜日	午前は、開発グループから入手した原料情報を整理。午後は、欧州の規制法に関するセミナー受講のために外出。
水曜日	原料メーカーから入手した最新情報をもとに原料情報を更新し、上司の承認をもらう。
木曜日	引き続き原料情報の更新をおこなう。午後は、承認された原料情報をデータベースに入力し更新。
金曜日	原料メーカーへ含有化学物質調査を依頼し、回答を入手できていない調査について催促。製品情報担当者が更新した情報に間違いがないか確認。

も役立っています。

一例として、当グループでは、原料の組成情報を研究員と共有化しています。ある研究員が顧客からの要求でトルエンを含まない製品を設計する際、原料情報が役立ち、使える原料を迅速に選ぶことができたと、とても喜ばれました。

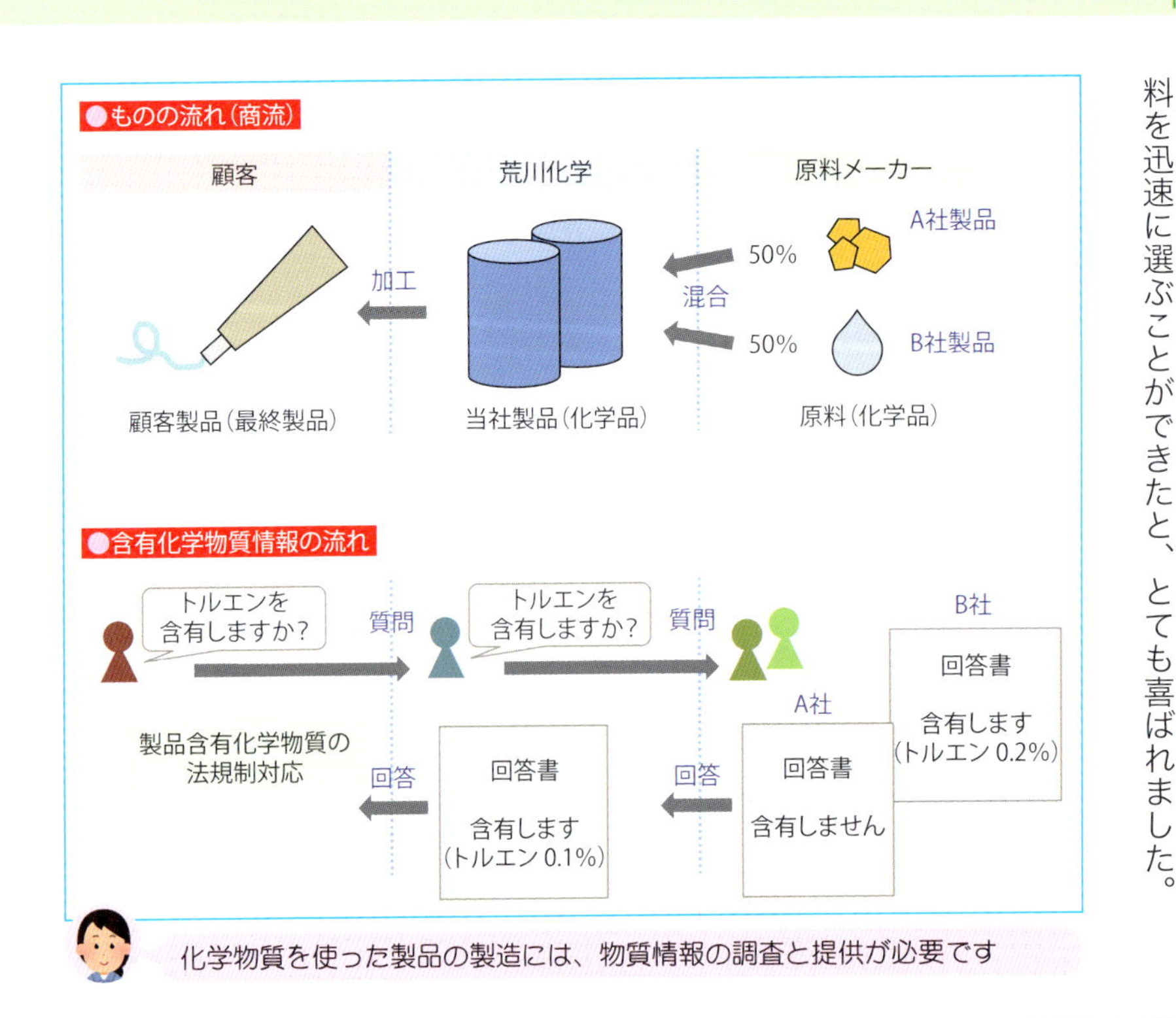

化学物質を使った製品の製造には、物質情報の調査と提供が必要です

化学との関係　登録には化学の土地勘が必要！

化学物質情報管理システムへの情報登録をおこなうには、化学の知識が必須です。取り扱う情報は、すべて化学物質に関するものであるため、**物質の名前から、化学式や構造、性質などについて土地勘が働く必要があります。**

また、製品情報を登録する際には、どのような化学反応をして生成物ができるのか化学計算しています。たとえば、酸原料にアルカリ原料を反応させて、中和塩が何kgでき、水が何kg生成するかを計算をするには、化学の知識が必要です。

志望理由は？　研究開発のなかで規制法への興味が！

私は、化学系の学科で6年間学び、4年生からは研究室に所属して、研究テーマに取り組みました。自ら考えておこなった実験で思いどおりの結果が出たときはとてもうれしく、研究開発をしごとにしたいと考え、荒川化学に入社しました。

入社してから8年間は、光を照射すると固ま

るUV硬化樹脂の開発をしていました。新製品を開発すると、必ず、**「その製品がどんな規制法に該当するか」「人や環境にどのような有害性があるか」**を調査し、**顧客へ情報を提供する必要があります。**それまで、化学物質関連の規制法についてはほとんど知識がありませんでしたが、しだいに今のしごとに興味をもつようになったのです。

やりがいは？ グループ会社との情報共有に成功！

化学物質情報管理システムの構築はひとりではできません。開発や生産、さらには原料を調達する部署などと、コミュニケーションをとりながら進めています。よりよいしくみをつくるために、日々レベルアップに挑戦しており、問題を解決していく達成感があります。

多くの人とコミュニケーションをとって進めます

最近では、研究開発グループから依頼された原料の含有化学物質調査をグループ会社に依頼し、やりとりを始めたのがきっかけで、グループ会社との原料情報共有に成功しました。今では、別のグループ会社との共有も検討し始めており、効率化を進めています。

オススメです！ 頼りにされる専門家になりたい！

研究開発グループから化学物質規制法に関する相談を受けることもあり、適切に回答できたときは、やりがいを感じます。たとえば、海外で販売したい場合は、その国の規制法を守らねばならないので、よく相談を受けます。**世界各国で法が制定されたり改正されたりするため、日々勉強が必要です**が、専門家として社内で頼りにされるようになりたいです。

このしごとに就くには!?

化学物質に関する基礎知識をつけるために、大学の化学系学科で学ぶことをおすすめします。教科書で勉強するだけではなく、実験を通して先生方や先輩方から化学物質の取扱方法を学ぶことができます。どの化学物質にどんな危険有害性があるか、といった感覚も養うことができますよ。

現在の化学物質規制の流れは、一九九二年の国連環境サミットに端を発しています。近年、各国の対応も急ピッチで進んでおり、まさに地球規模でのとりくみだといえますよ。

19

企業での製造・販売・管理

プラント設計・建設

久野吉弘（くのよしひろ）。関西大学大学院工学研究科修士課程を修了後、2010年に大阪ガスエンジニアリング株式会社に入社。プラントエンジニアとして、2013年より水素製造プラントの設計・建設・試運転業務をおこなっている。

プロフィール

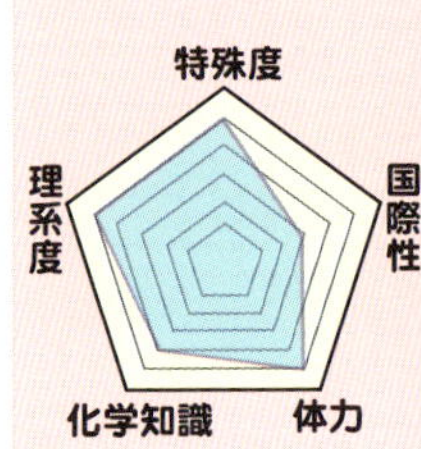

多くの機器や装置を組み合わせた「プラント」という生産設備を、設計から、組み立て、試運転までおこない、供給するしごとです。

何をしてる？

水素を製造するプラントをつくる！

都市ガスを原料にして高純度の水素を製造するプラントの設計・建設をおこなっています。**「プラント」とは、大小さまざまな機械や装置を組み合わせてつくられる生産設備や工場設備のことです。**

ガス会社であれば都市ガスを製造してお客様に供給する設備、食品メーカーであれば食品を生産する設備で、数メートルの小規模のものから数百メートルにもおよぶ大規模のものがあります。

プラントという設

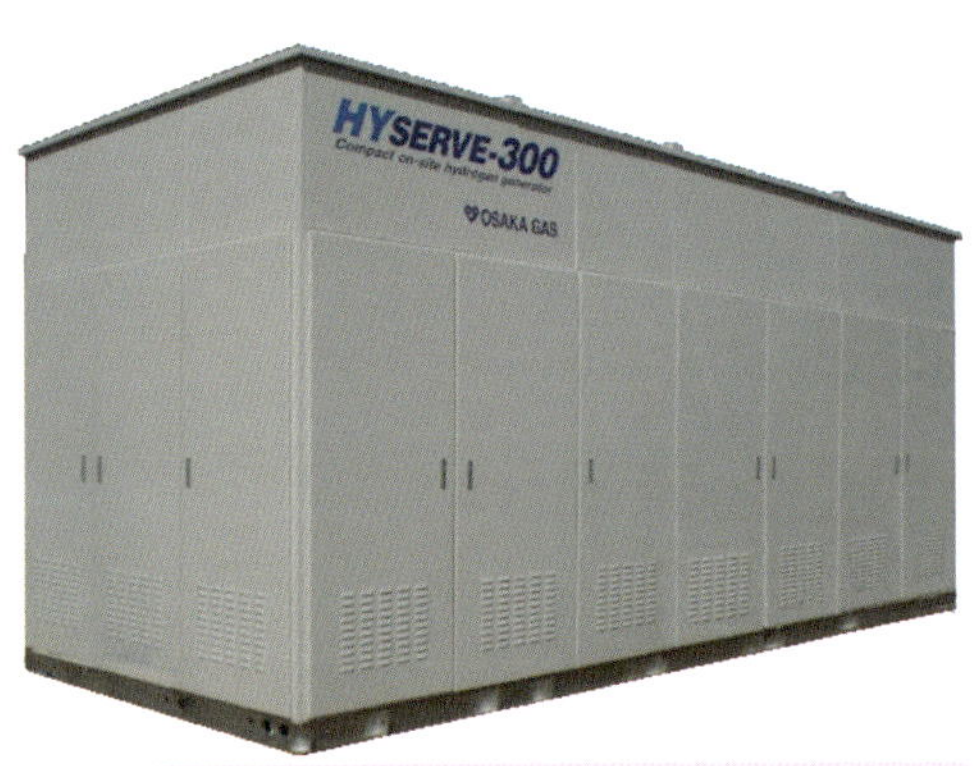

水素を製造するプラントです。大きさは「幅 7.5 ×奥行 3 ×高さ 3.3 メートル」です

備を一からつくる際、**機械や装置をどのように組み合わせたらよいかを設計し、実際に現場で建設、施工、試運転するのが「プラントエンジニア」です。**

水素は、以前は工業用途としての利用が主でしたが、近年話題となっている水素ステーションでの利用も増え始めています。日本政府も水素社会の実現に向けてとりくむ方針を出しており、今後、エネルギーとして水素を利用することが飛躍的に増えていくと予想されます。私は、「ものづくり」の観点から、このような水素インフラの発展を根底から支えていきたいと思っています。

どんなしごと？ 多くの機器を組み合わせてひとつの装置に！

プラントエンジニアのしごとは大きく三つに分けられます。

① お客様からの要求を把握し、**どのような装置をつくるかを考える「設計」。**

② 「設計」にて決定した内容を**実際の装置の形にしていく「製作」。**

③ **できあがった装置をお客様に納品し、装置が要求能力を満たしているかを確認する「試運転」。**

まず「設計」では、お客様から提示される要求を把握し、それをもとに「設計書」をつくります。設計書には、どのような装置になるかを詳細に記載します。

たとえば、われわれが扱っている水素製造装置は、多くの機器類を組み合わせてひとつの装置にします。そういった機器類をどのような条件で使用するかを明確にし、全体のレイアウトを決める必要があります。

ある1日の様子

9:00	出社 メールチェック
9:30	メーカーとの打合せ 資料確認
10:30	機器メーカーと打合せ、機器確認
13:00	設計方針について社内で打合せ
15:00	シミュレータを用いたプロセス設計
16:00	お客様向けの説明資料作成
18:00	進捗案件の工程調整
19:00	退社

ある一週間の様子

月曜日	お客様との打合せで使用する資料の最終チェック。別案件での設計内容の確認。
火曜日	機器メーカーと納期などの調整。装置の据え付け前にお客様へ説明。
水曜日	新規開発案件に関する仕様の打合せ。既存案件の進捗状況の確認。
木曜日	出張。お客様への納品前装置の最終検査。
金曜日	出張。製作メーカーと、現在製作中の装置の進捗状況の確認。今後の予定についても打合せ。

設計書を確認しながら製作します

次に、「製作」では、設計書から製図した図面をベースに機器の組み立てなどをおこないます。製作は非常に重要な工程ですので、ただ単に組み立てるわけではなく、要所要所で立ち会い検査をおこない、設計書どおりに製作できているかを確認します。

最後に、「試運転」では、お客さまへ納品する前に要求仕様を満たしているかを、実際に運転してみて確認します。

化学との関係 触媒を用いてガスから水素を生み出す！

都市ガスや液化石油ガス（LPG）などの炭化水素原料から高純度の水素をつくるには、脱硫触媒、水蒸気改質触媒、一酸化炭素変成触媒を用いた三つの化学反応と、吸着剤による化学吸着・脱着反応が関与します。これらの化学反応に合わせた熱の移動が必要であり、設計や試運転をするうえでは、装置内でどういった反応が起こっているのかを理解することが非常に重要です。

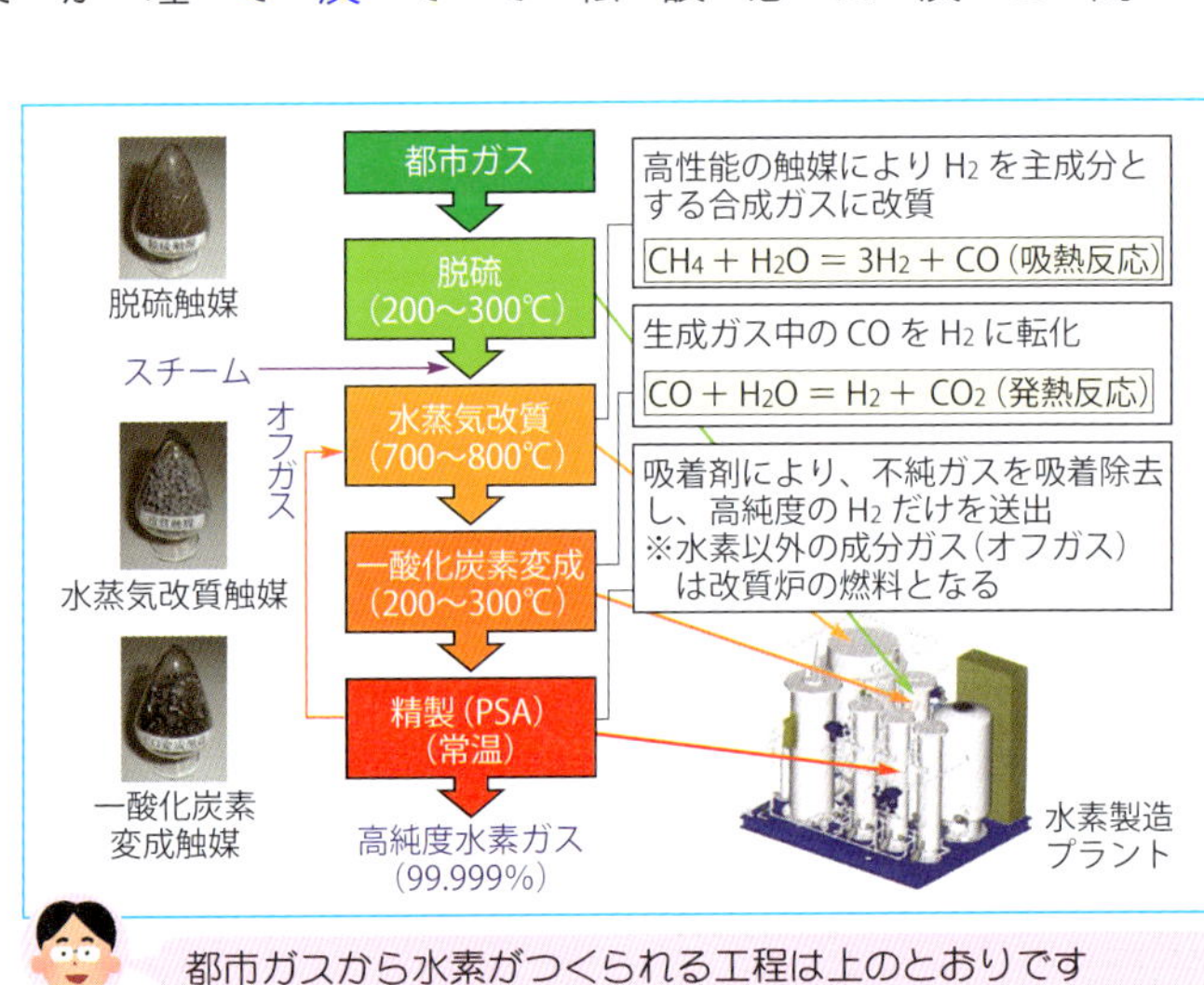

都市ガスから水素がつくられる工程は上のとおりです

とくに、設計段階においては、多種多様な計算が必要です。このような計算の一部にはシミュレータを用います。シミュレータは数値を入力さえすれば、何らかの数値をはじき出してしまいますので、計算内容を理解し、導かれた数値が妥当かどうか判断する必要があります。

そういったところで、高校、大学で学んだ化学の知識が役に立っています。

志望理由は？
インフラに関わるものづくりがしたい！

私はもともと、ものづくりに興味をもっていました。そして、どうせやるなら、社会の基盤となり、世の中でも注目されている**インフラ関係で「ものづくり」のしごとがしたい**と思っていました。

また、「ものづくり」とひと言でいってもさまざまな工程があります。私はそのすべて（企画段階から試運転まで）に携わりたいと思っていました。

その両方をかなえるしごととして、プラントエンジニアを志望しました。

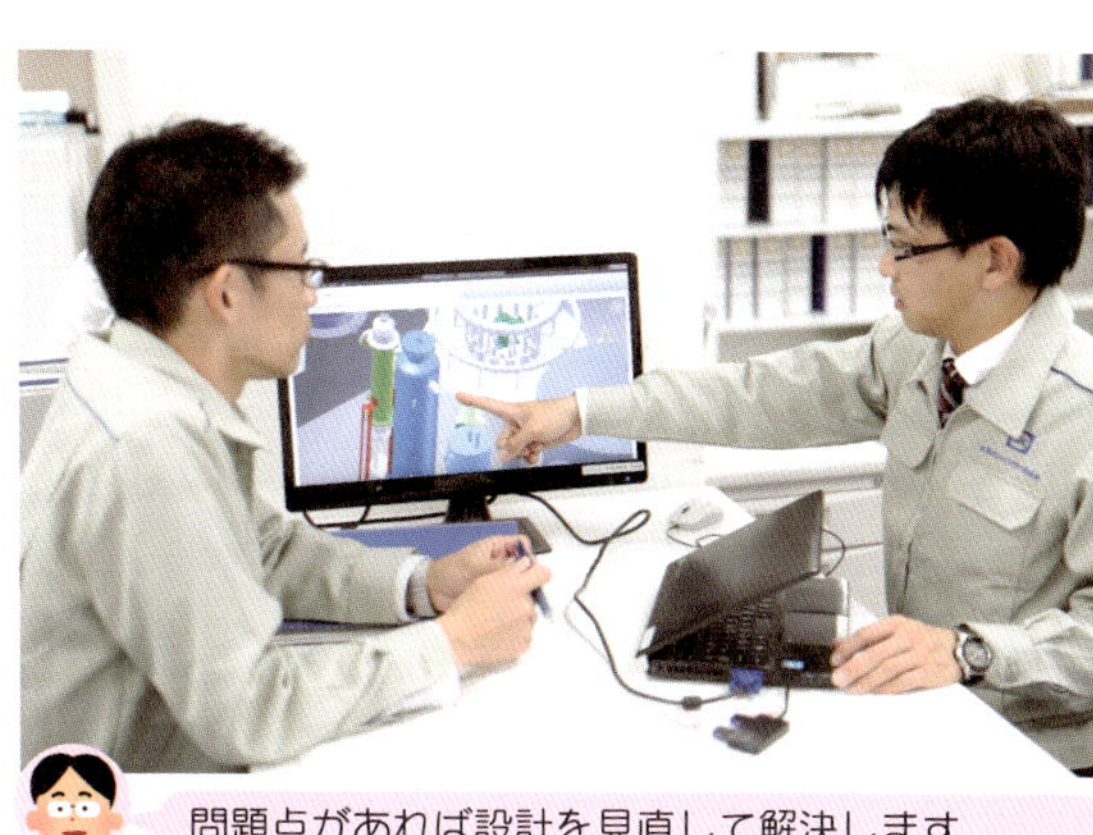

問題点があれば設計を見直して解決します

やりがいは？
努力したことが形になる！

プラントエンジニアは、よりよい製品にしていくために日々努力しています。苦労して設計を工夫し、現地での工事、試運転と携わってきたものが、**形となって現れるしごと**なのでやりがいがあります。

また不具合点がすべて解決でき、試運転も無事に終わり、**お客様へのプラント引き渡しが完了した瞬間には、格別な充実感を得ることができます。**

オススメです！
巨大プラントをながめながら！

ときには、お客様の敷地外から確認できるほど大きな設備を納めることもあります。そういう設備を遠くからながめると、「自分はこれだけのものをつくるしごとに携わったんだ」と感慨深いものです。誇らしい気持ちになってきます。

このしごとに就くには!?

化学反応や化学平衡といった基本的な化学の知識と、「よりよいもの」をつくっていきたいという情熱さえあれば、しごとに就く段階で、特別な資格は必要ありませんよ。

化学というと前世紀の科学のように思う方もいるかもしれませんが、燃料電池自動車や水素ステーションなど、将来の水素社会で期待されているインフラなどは、依然として化学の分野です。地球温暖化対策などでも、化学の活躍できるところはまだまだあると思いますよ。

営業・販売

プロフィール

西谷 崇（にしたにたかし）。京都大学大学院農学研究科修士課程を修了後、2010 年に長瀬産業株式会社に入社。スマホや液晶製品などに用いられる機能性フィルム向け素材を取り扱う営業部にて、市場ニーズに対応した商材・技術を提案している。

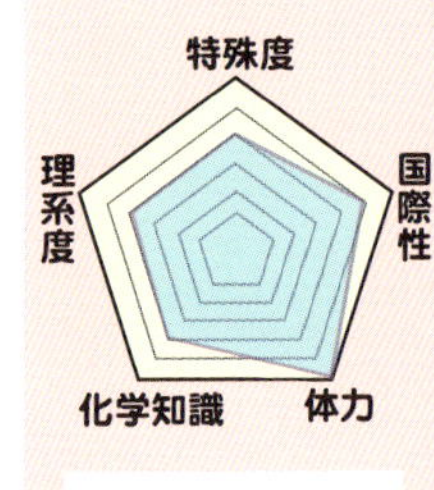

化学製品の製造会社に対して、ニーズに合った新しい素材やサービスを提案し、採用してもらえるよう活動するしごとです。

何をしてる？ 化学系専門商社でモノづくりを支える！

私が働いている長瀬産業は、一八三二年に、京都で創業した化学系専門の商社です。一般に、商社のビジネスは、商品を仕入れ、その商品を必要とするお客様に販売し届けるという役目を**グローバルに担う**ものです。長瀬産業は、**そうした従来からの商社ビジネスの経験と、お客様からのニーズを組み合わせ、商品・サービスの企画もおこなっています。**それによって、モノづくりを支えています。

どんなしごと？ 製造会社にモノやサービスを提案！

商社のしごとには型がなく、「顧客ニーズのあるところにビジネスあり！」ですので、業界ごとにしごと内容が違います。私は、主に、スマホや液晶製品などに用いられるフィルムを製造されるお客様を担当しています。そのような機能性フィルムには、**どのようなニーズがあり、どのような素材が必要とされるかを考え、モノ・サービスを提案しています。**

たとえば、スマホを購入した後に貼る保護フィルムには、「ほこりがつきづらくしてほしい」「貼るときに泡が入らないようにしてほしい」といったニーズがあります。「ほこりがつきづらくする」とは、化学的にいうと、帯電しないようにすることです。帯電を防止する素材にはどんなものがあるかとか、その材料の使いやすさなどを考え、仕入先とサンプル作成をくり返し、製品に採用してもらえるよう活動します。

家電、自動車などの業界では、見た目も機能のひとつです。尼崎にあるナガセアプリケーションワークショップという自社のラボで、顔料・染料で実際に調色したサンプルを作成して、営業をすることもあります。

化学との関係　化学者と協力して問題を解決！

たとえば、私たちは、保護フィルムに帯電防止をつけるための化学品を提供していますが、「いつもどおりの性能が出ていない」「帯電防止剤とフィルムとの密着が悪い」などの品質不良が起こることがあります。そんなときは、帯電防止剤の原料に不具合はないか、お客様での使用環境や使用しているフィルムの仕様が変わっていないかなど、なぜそのような現象が起こったのかについて、お客様と話し合います。そして、メーカーの化学者やNAGASEグループの研究者と解決策を探ります。

ある１日の様子

8:00	出社。開発案件の進捗状況整理
9:00	部内の営業活動報告
10:00	顧客打合せ
12:00	顧客とのランチ（気兼ねなく本音を話せる関係も大切）
13:30	帰社。次回サンプル作成の課題や予定を取引先とメールや電話ですり合わせ
16:00	海外出張に向けて同行メーカーと打合せ
18:00	取引先との会食

ある一週間の様子

月曜日	午前は部内での営業活動報告。午後に製品品質ブレのトラブル発生。急いでメーカーとの打合せと顧客訪問を調整。
火曜日	昨日トラブルが発生した顧客を訪問。原因対策の議論。生産を止めないための打合せ。
水曜日	午前は重要仕入先との定例拡販会議。午後は新規顧客を訪問し技術紹介。夜は仕入先との会食。
木曜日	午前は飛行機にて出張。午後は商材の評価をヒアリング。その内容を関係者と共有し、改良サンプルの構想を練る。
金曜日	午前は顧客と情報交換し、市場ニーズ調査。午後は、部内会議でビジネス仮説を検証し、行動を決める。トラブルのアフターフォローも。夜は、東京駅地下街で状況報告も含めて同期とご飯。

お客様の信頼を得るためには、**化学者の協力を得て、起こっている現象をできる限り化学に落とし込んでいく**必要があります。これまでの材料で解決できない場合には、新たにニーズに合う材料を海外から調達することもあります。

そのためにも、化学知識の収集や新しい化学品の探索のために、文献を読んだり、学会やセミナーに参加したりします。

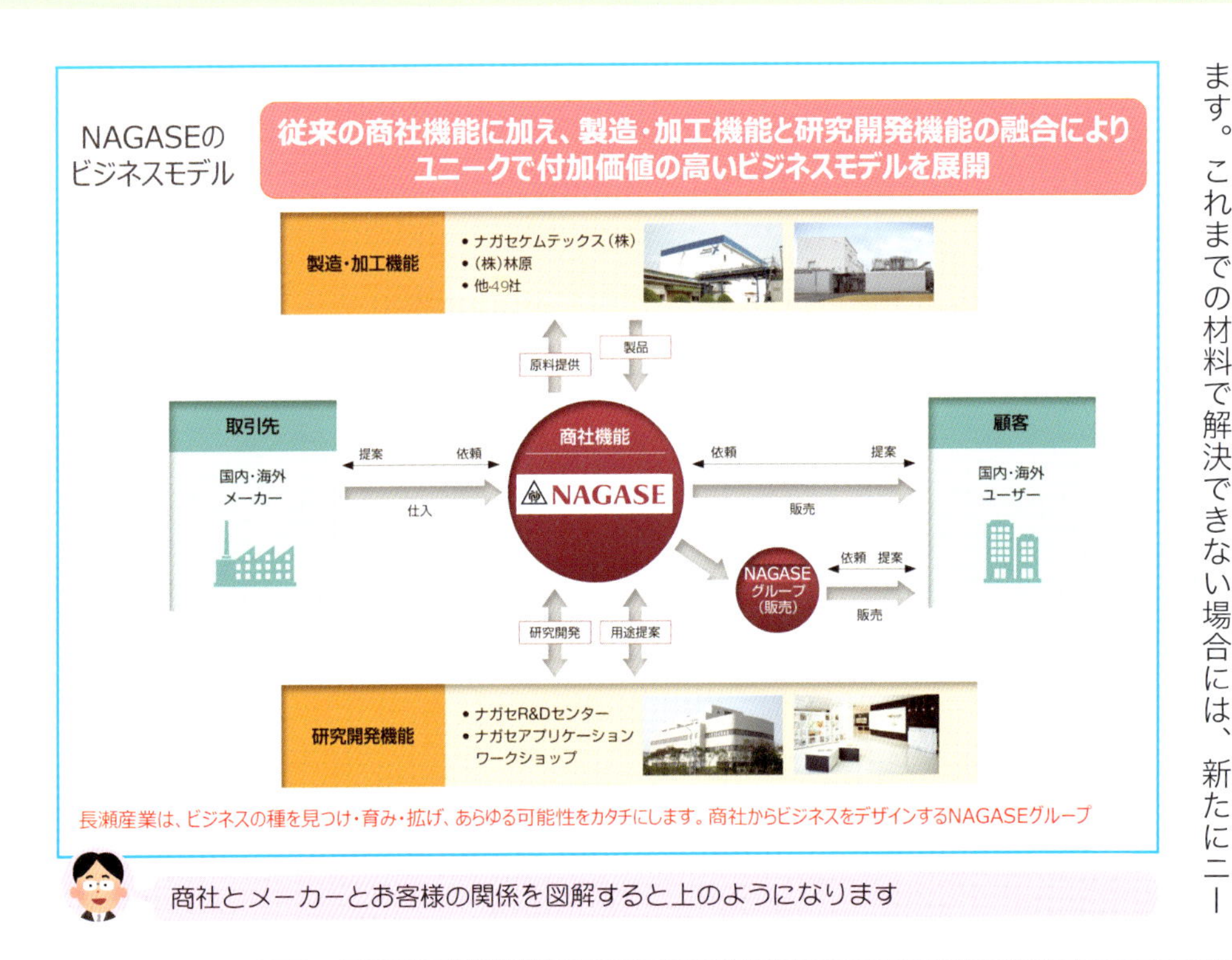

志望理由は？

「組み合わせる」ことの楽しさ！

私は、農学研究科で主に遺伝子工学を学んでいました。遺伝子工学では、化学・生物学の原理原則を組み合わせて解を求めます。私は、酵母菌の発現系に大腸菌のタンパク質を組み込み、できるだけ効率よく目的にたどり着く道筋を何パターンも試していましたが、自分で新しい組み合わせを見つける作業には、何ともいえない楽しみがありました。「そんな組み合わせがあるのか！」という発見もありました。

就職活動でも、世の中にある製品は、いろんな原理原則やさまざまな人の考えを組み合わせた「モノづくり」の結果として成り立っていると気づきました。

そうして、モノづくりに携わりながら、**人や化学を「組み合わせられる」立場にある商社に惹かれていったのです。**

やりがいは？

お客様から直接お礼も！

営業は、モノやサービスを買ってくれるお客様と直接コミュニケーションをとりますので、**「あなたからモノ・サービスを買ってよかった」と言われる喜びがあります。**もちろん、すぐに成功体験を得られることは少なく、ありがとうと言われる数より、失敗の数のほうが多いのですが……

また、お客様が求めるモノやサービスを提供するために、いろいろな材料や技術の組み合わせをメーカーやお客様と一緒に考え、試行錯誤します。そんなとき、**同じ目的に向かってしごとをしていると感じられることも、営業の醍醐味だと思います。**

お客様からヒントをもらいながら、メーカーと必死に試作品をつくり、最後にその企画が組み込まれた製品が世の中で販売されたときは、お客様、メーカー、自分と、立場は違いますが、一緒に喜びを分かち合い、「また一緒にしごとをしよう！」と仲間になれます。

ニーズに合うものを提供できるよう試行錯誤します

オススメです！ 商社はいろんなアイテムを取り扱える！

商社の営業は、メーカーの営業と異なり、取り扱う商品が**限定されていないことがひとつの特徴です。**たとえば、Aさんには X 製品が好まれるけど、B さんには X 製品に Y 製品の機能をつけないと買ってもらえない、などという場合、X 製品だけを扱っていると、そのニーズに対応しきれません。

しかし、商社の営業には、柔軟な発想で組み合わせを考えられる土台があります。チャレンジしたいことがあれば、RPG のように自分でアイテムを集められます。ステージクリアのために何が必要なのか、自分を主人公にしてしごとを進められるのです。

このしごとに就くには⁉

「好奇心」をもって、モノや人の考えにふれる姿勢が大切だと思います。また、商社に限らず、営業という職種は、どんな人や技術と協力すれば目的を達成できるのかを考えて、チームをつくり、引っ張っていくような場面も多いので、スポーツの監督に似た経験を積むことはおススメですよ。

日ごろから年齢や専攻分野にとらわれずに幅広くコミュニケーションをとれる人は、営業のしごとにぴったりですね。今はグローバルに世界の人たちとしごとでふれ合うこともあるので、英語の勉強も少しはしておくとよいですよ。

知的財産担当

プロフィール

徳田裕人（とくだひろと）。九州大学大学院薬学府創薬科学専攻修士課程を修了後、2011年に武田薬品工業株式会社に入社。知的財産を担当する部署に所属し、医薬品の特許に関するしごとをしている。

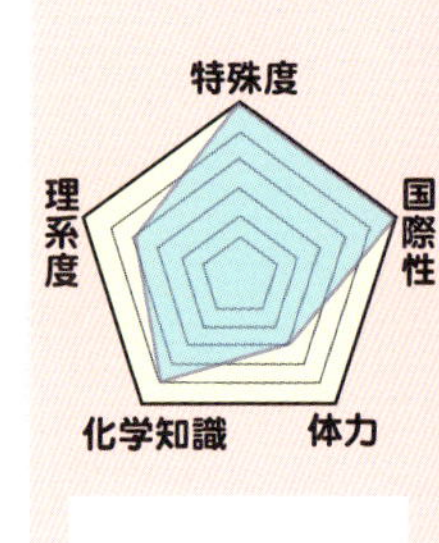

新たに開発した製品（医薬品）についての特許を出願したり、他者の特許を侵害していないか調査したりするしごとです。

何をしてる？ 新薬の製品価値を特許で支える！

特許とは、自社で発明した製品が他社にまねされることを、一定期間防ぐための制度です。特許は自動車、機械、ＩＴなどさまざまな産業で活用されていますが、そのなかでも医薬品は、１件の特許の重要性が非常に大きい産業なのです。

医薬品業界では、新薬メーカーが新たな医薬品をつくり出したあと、特許が切れるまでは独占的にその医薬品を販売することができますが、特許が切れると安価なジェネリック医薬品が発売されてしまいます。そのため、**特許は、自社の医薬品を保護するために非常に重要なものとなっています。**

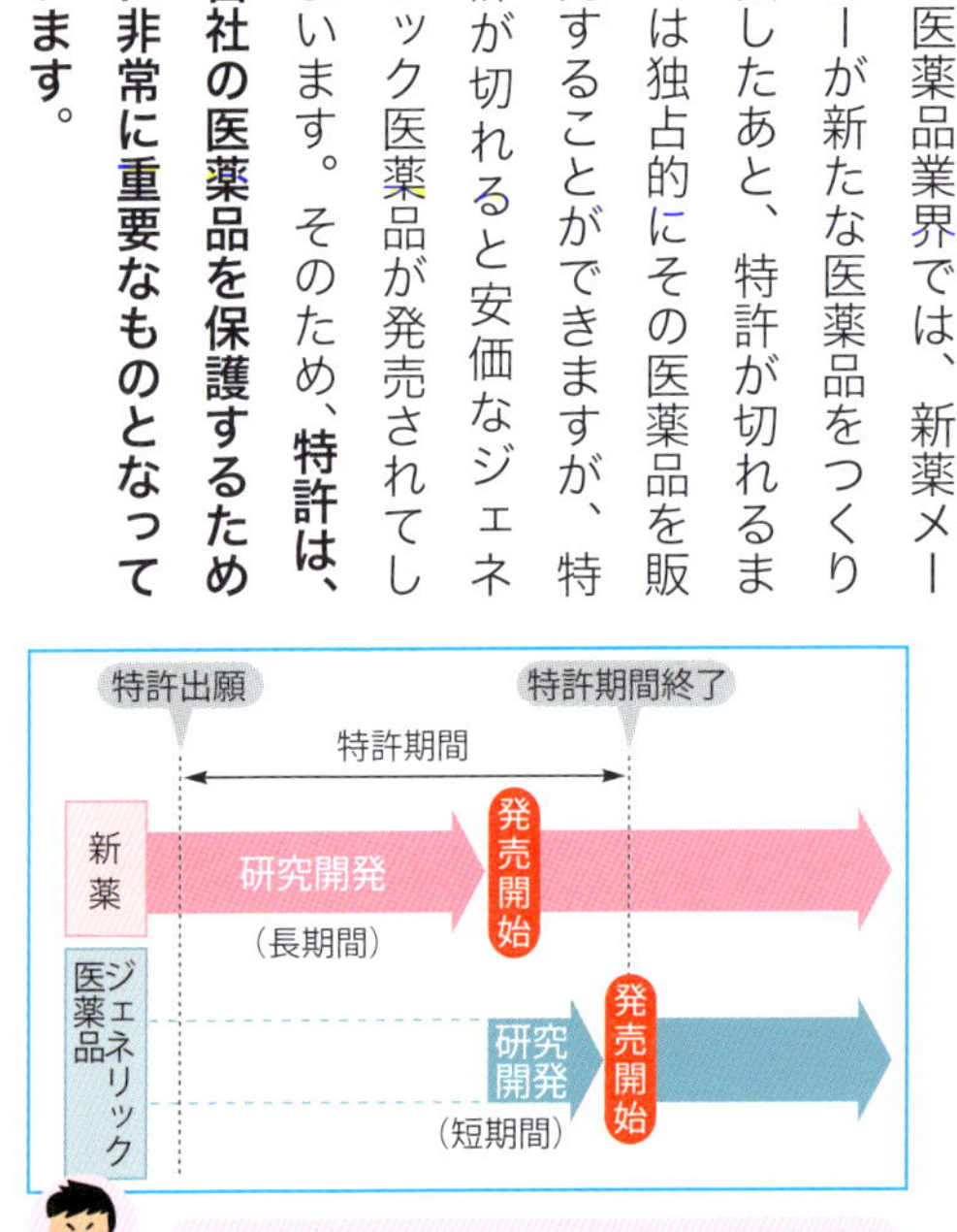

特許とジェネリック医薬品の関係です

私は新薬メーカーである武田薬品工業に勤めており、医薬品に応じて最適な特許戦略を検討します。そして、特許を取得することにより、自社医薬品の製品価値を最大化する役目を果たしています。

どんなしごと？ 特許の出願と他者特許調査をおこなう！

特許に関する業務は多岐にわたりますが、最も代表的なものが二つあります。

ひとつめは、「**特許出願**」です。特許出願とは、**自社の医薬品を保護する特許を、世界各国の特許庁に出願するしごとです。** 開発計画や市場に将来入ってくるジェネリック医薬品を考慮して、特許出願を適切なタイミングでおこなう必要があります。

次に、「**他者特許評価**」があります。他者特許評価とは、自社の医薬品を販売するにあたって、**他者の特許を侵害しないように調査・評価するしごとです。** もし自社の医薬品が他

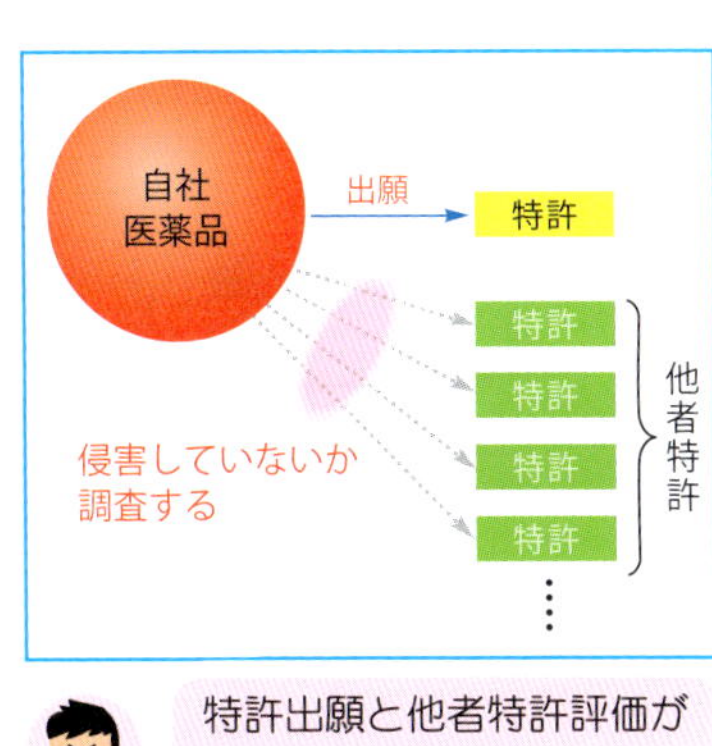

特許出願と他者特許評価がおもなしごとです

ある１日の様子

9:00	出社 メールチェック
10:00	特許出願の方針についてアメリカの特許担当者と電話会議
11:00	研究者と特許出願の相談
13:00	欧州特許事務所の弁護士来訪。担当案件の権利化方針を相談
15:00	他者特許調査結果の詳細な評価
17:00	特許出願方針立案。翌日の会議資料作成
17:45	退社

ある一週間の様子

月曜日	午前は、新たな化合物について特許出願が可能か、どのような他者特許調査が必要か、研究者と相談。午後は別件で外部の特許事務所を訪問。
火曜日	新たな他社製品導入案件について、各部署の担当者が集まる会議に出席。製品情報や特許情報を入手し、今後のスケジュールを確認。
水曜日	相談を受けた出願案件について、研究者から提供された資料を検討し、特許出願方針を策定。関係者用に方針の概要をまとめた会議資料を作成。
木曜日	相談を受けた他者特許調査について、調査方針案を立案。調査の規模やスケジュールについて調査会社と協議。
金曜日	知的財産部および研究所の関係者を招き、出願方針案を説明して、意見交換。最終的な出願方針を決定する。

者の特許を侵害していた場合、特許の権利者から訴えられて医薬品の販売ができなくなってしまったり、賠償金を支払うことになってしまったりと、大問題になってしまいます。そのようなことを未然に防ぐ重要なしごとです。

化学との関係 発明を生んださまざまな技術の本質を！

製薬企業では、化合物やその製造方法について特許出願をおこなうことも多く、発明を理解し、適切に特許出願をするために化学の知識は重要です。また、特許出願だけでなく、自社の医薬品が他者特許を侵害していないか評価する際にも化学に関する理解は重要です。製薬企業で特許に関する業務を担当すると、化学構造式などは日常的に目にすることになります。

私のしごとでは、特許出願について研究者と相談する機会も多くあります。発明はさまざまな技術分野から生まれてきますが、私はそのすべての技術分野について深い知識をもっているわけではありませんので、それぞれの技術分野のスペシャリストである研究者から説明を受けます。そのとき、**発明の本質的な部分を把握し、それを特許出願という形にする**ために、大学で学んださまざまな科目が役立っていると感じます。

また、技術は日進月歩であり、特許のしごとをするうえで、日々新たな知識を吸収していく必要があります。その土台となる知識として、大学で学んだことが役立っているように思います。

製薬会社にとって特許は重要！

私は、もともと薬に興味があって薬学部を受験したこともあり、薬に関するしごとがしたいと考えていました。大学院生のころは、とくに製薬企業における研究や開発のしごとに興味があり、いろいろな製薬企業を調べていました。

そのとき、特許に関するしごと・部署が存在すること、そして特許が製薬企業のビジネスに非常に大きな役割を果たしていることを知り、製薬企業における特許のしごとに興味をもちました。**製薬企業においては、特許が製品戦略における大きな要素のひとつとして、とてもやりがいのあるしごとである**ように映りました。それがこのしごとを選んだ理由です。

特許をめぐる争いを解決できたときは！

自社製品の市場を広く保護できるような特許を出願して権利化できたときや、他者特許の問題を解決して自社製品を問題なく販売できるようにできたとき。また、**自社の特許の有効性について異議が申し立てられた際に、的確に反論し無事に特許を守れたとき**などには、ビジネスに直接影響することができたことを実感し、やりがいを感じます。

かつて、私の担当している製品に関して、ジェネリック会社が、製品を保護する特許は無効であることを申し立て、ジェネリック医薬品を発売しようとしたことがありました。しかし、相手の主張に対して的確に反論し、その特許が従来の技術と比べてどのように優れているかをていねいに説明することで、特許は有効であると判断されました。結局、ジェネリック医薬品は発売されず、自社製品の市場を守ることができたのです。

世界各国の特許証です

オススメです！ 視野が広がるしごとです！

医薬品の特許は、日本だけでなくアメリカやヨーロッパなど多くの国々に出願することが多く、海外の仲間や、弁理士、弁護士などの法律専門家と英語でコミュニケーションをする機会がたくさんあります。

また、日本の言語・法制度だけでなく、**他の国の言語・法制度に触れ、学ぶ機会がある**ので、視野が広がり、非常に発展性のあるしごとだと感じています。

このしごとに就くには!?

社内外での調整やコミュニケーションの機会が多いので、ものごとを順序立てて論理的に考えること、そしてそれをわかりやすく相手に伝える習慣を身につけておくとよいでしょう。また、技術的な知識・理解については、就職してからも学ぶことはできますが、できれば大学の理系学部に進学することが望ましいです。

このしごとに限った話ではありませんが、しごとに就いてからも学び続けることは非常に重要なので、若いころからさまざまなことに興味をもつ習慣をつけるとよいですよ。むだな経験はないので、いろいろチャレンジしてくださいね。

ワンポイントアドバイス！

22

企業での製造・販売・管理

海外事業（技術者編）

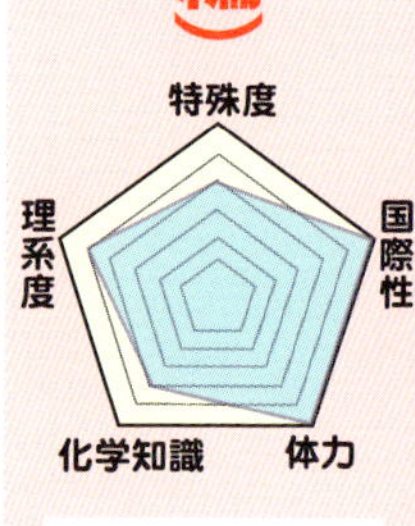

海外で、現地従業員とともに、現地メーカーやお客様とやりとりしながら、エアバッグ用織物の生産を進めていくしごとです。

プロフィール

木本真之（きもとまさゆき）。神戸大学工学部応用化学科卒業、同大学院自然科学研究科修士課程修了後、2008 年、東洋紡株式会社に入社。技術者として約 10 年間、自動車用エアバッグ関連素材の開発と生産に携わる。北米アラバマ州に駐在し 5 年が経過。

何をしてる？

アメリカでエアバッグを生産！

私は、アメリカで、自動車用エアバッグ織物の生産・開発・品質管理に携わっています。エアバッグは、高強度の糸で織られた布にさまざまな加工を施した製品です。ふだん目にすることはないでしょうが、乗員の安全性を求める声が高まっていて、エアバッグの搭載部位は増えています。新興国でも搭載が標準化してきたため、年々市場が拡大しています。

総合化学メーカーである東洋紡は、事業のひとつとして、エアバッグ用原糸と織物の生産販売をグローバル展開し、世界的なシェアを誇ります。

どんなしごと？

海外では何でも屋です！

私のしごとをひと言でいうと「お客様からの要求を技術的に実現させること」です。**私自身は、技術・品質全般に関わる何でも屋です。**海外工場には日本人が少ないので、必然的に担当する役割の範囲が広くなります。国内の工場で働いていたときは、原糸開発という限られた範囲でしかしごとをしていませんでしたが、アメリカに来て一気に視界が広がったように感じます。

みなさんの生命を守るための製品ですので、厳しい品質への要求があります。お客様から指定された基準に沿ったものをつくるための素材選定、製品の設計、生産プロセスの決定、生産条件の探索、そして、そのために必要となる生産ルールの作成や、できたものが目標どおりになっているかの品質評価などをおこないます。最終的に、試験を実行し、条件修正をかけながら、製品をつくり上げていきます。

エアバッグ製品の例です

ある1日の様子

7:30	出社。現地従業員と情報交換
8:00	日本からのメールチェックと対応
9:00	生産現場を回って問題がないか確認
10:00	現地からのメールチェックと対応
13:00	生産現場関係者とのミーティング
15:00	試験計画作成と連絡
16:00	生産現場で午前に出した指示の結果確認
17:00	退社

生産現場のアメリカ人従業員とは直接にコミュニケーションをとりながらしごとを進めていきます。 現地のお客様や、素材・装置の供給メーカーに対しても同じです。

もちろんうまくいかないこともあります。かつて、品質不良を起こしてしまったことがあり、担当者に原因を聞くと、私がOKと言ったからそのままにしていたと言います。私にはまったく記憶がないのですが、担当者のメモがしっかり残っていました。どうやら私はよく理解せずにYESと言ってしまったようです。もしくは理解したつもりになっていたのでしょう。それ以来、相互に理解をしたうえで結論を伝えることを大事にしています。英語だとありがちな事例ですが、日本語でも起こり得ます。みなさんも気をつけましょう。

ある一週間の様子

月曜日	試験計画作成。製品設計や必要部材の購入手配。品質関連書類の作成。
火曜日	生産現場を交えた品質の打合せ。夜からは本社（日本）とWeb会議。
水曜日	原料メーカーを訪ね、生産や品質状況の確認と打合せ。
木曜日	生産設備を使用して試験を実施。
金曜日	お客様との電話会議で開発進捗状況等を報告。

高分子素材の基本がわかれば！

使用する素材が合成高分子の原糸やコーティング材なので、化学のなかでも高分子の分野が深く関わってきます。高分子素材の基本がわかっていれば、生産プロセスで必要となる温度、張力、時間などの条件をどのように設定すれば目標の製品ができあがるかを推測できます。それを生産設備を使用して検証するのです。また問題解決をおこなう際にも素材の特徴に即して対策を考えることができます。

私の大学と大学院での研究分野は、ズバリ有機高分子化学でした。それも合成をおこなう分野ではなく、素材の強さなどを評価することがメインでしたので、今のしごとに生かされていると思います。

これは化学に限ったことではありませんが、現場で起こっている現象には必ず原因があります。それを追究するプロセスというのは、まさに高分子化学の研究で培ったものです。そういう科学的な態度は、ふだん意識することのない土台の部分ですが、非常に重要です。

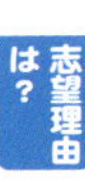

身の回りは高分子であふれている！

私は、子どものころからモノづくりに興味がありました。正直に言うとどの分野に進んでもよかったのですが、学校の授業でも化学は好きでしたし、しだいに素材そのものに興味をもつようになりました。そんななか、大学時代に有機高分子化学と出会い、惹かれていくのです。高分子の授業がおもしろかったことも理由のひとつです。実は、世の中は高分子化学であふれています。分子と分子が化学的に結合して巨大な分子となり、さらにそれが集まって私たちの目に見える形で存在しているのです。そう聞くと、日ごろ触れているモノのことをもっと知りたくなりませんか？

私が、素材を扱っている企業で技術者として働くようになったことは、興味をもった分野をしごとにできるという点で、自然な流れだったと思います。

エアバッグに使用する織物製品がロールになっています

やりがいは？

直接にコミュニケーションをとり合って！

言葉や文化が異なるアメリカ人たちと一緒にプロジェクトを進めていくことは、とてもやりがいがあります。しごとを進めるためには、自らコミュニケーションをとり、相手に理解してもらい、またこちらも相手を理解する必要があります。メールや電話でも連絡はとり合えますが、**私は、直接会って話すことが大事だと感じています。**面倒に思われるかもしれないですが、メールを送ったあとにその同じ内容について話しに行きます。

これも失敗例ですが、ある顧客に対して、番号を間違えて製品を出荷してしまったことがあり、対策書の作成やWeb会議など、現地従業員とともに休日返上でたいへんな思いをしました。しかし、その後すぐ、直接謝るためにメキシコまで行くと意外に快く迎えてもらえ、説明を理解してもらい、さらにお互いを知ることもできて、その後のコミュニケーションがとりやすくなりました。

こういった経験も含め、自分が手掛けている製品が世に出て誰かの命を救っているかもしれないと思うと、苦労も報われます。

現地の従業員と一緒にしごとにとりくんでいます

オススメです！ 強制的に英語漬け！

アラバマ州の人はよくも悪くもあまり細かいことは気にしません。どんな立場の人に対しても友達のように接します。大ざっぱな私にとっては非常に居心地のよい環境です。

しごとに限っていうと、強制的に英語漬けですので、毎日の英文の読み書き、英会話があたりまえになり、期待していなくても英語力は鍛えられますね。

このしごとに就くには⁉

気になったことには何でもチャレンジすることが大切です。何もしなければ失敗もしませんが、成功することもできません。失敗してもよいので経験を重ね、いい意味で図太くなれば、海外でしごとをするという挑戦のハードルも低くなるはずですよ。

海外勤務で感じることは柔軟性の大切さです。日本の習慣とのギャップから、何かにつけて自分の思っていたのとは違うことが起こるので、そこで柔軟に対応することが海外でうまくやっていくポイントかと思いますよ。

経営企画

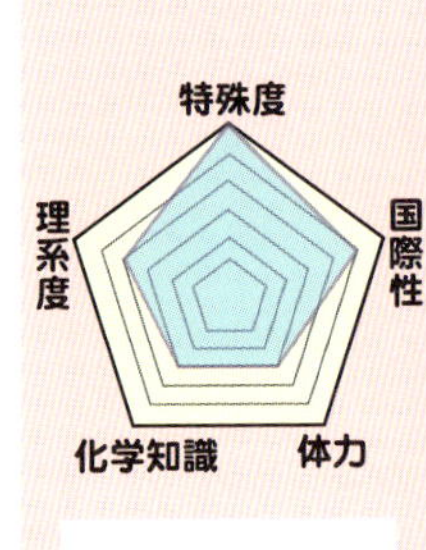

会社の組織、予算、事業方針などについて、情報を分析して経営戦略を企画し、プロジェクトとして進行させるしごとです。

プロフィール

清水秀樹（しみずひでき）。九州大学大学院理学府博士後期課程を修了後、2004年に塩野義製薬株式会社に入社。CMC研究職（原薬の製造法開発）、海外留学（カリフォルニア工科大）、SCM企画職を経由し、2017年度より経営戦略本部・経営企画部。

※ CMC = Chemistry Manufacturing and Control / SCM = Supply Chain Management

何をしてる？ 経営企画は会社の道案内役！

経営企画とひと口にいっても、会社によってしごとの範囲や役割が異なります。私が勤める塩野義製薬では、社長の右腕となって**会社の経営戦略を企画し、実行の舵**（かじ）**取りを担っています**。業務内容は幅広く、今起こっている問題の解決を支援したり、10年後に会社がもっと成長するよう、将来の医薬品産業を取り巻く環境や会社の資源（人材、開発品・製品、資金）を分析し、めざすべき方向を社長や役員と議論して提案したりしています。

どんなしごと？ 経営幹部をめざして自分を磨く絶好の機会！

経営企画の部員はそれぞれ担当のプロジェクトを受けもち、いつまでに、何を、どの部門と、どのような結果をめざして進めるかという目標を設定し、自分の責任を果たすまでとりくみます。そのほとんどは機密性が高く、**誰にも話すことができない特命プロジェクトを担うことが多くなります。**

重要なしごととして、次のようなものが挙げられます。

- 中期経営計画の策定・管理
- 事業の拡大・買収および撤退の検討
- 組織の改革
- 予算の編成・管理

担当するしごとは時期や個人の得意分野にもよりますが、私は、次の中期経営計画についてグループ討論することや、医薬品の生産を担う新しい会社の設立に携わっています。また、海外の子会社と、グローバルで統一した研究開発品や製品の分析ができる方法を検討するしごとも担当しています。

グローバルな課題も解決します

化学との関係 化学の研究も経営企画も忍耐と熱意が大事！

経営企画のしごととして、化学の専門知識や研究計画について検討することはめったにありません。しかし、製薬会社がこれからどのような研究をして新しい製品を世の中に提供

ある１日の様子

8:30	出社 メールチェック チームミーティング（進捗と予定の確認）
10:00	担当プロジェクトの管理（状況確認・分析、依頼）
13:00	面談・ヒアリング（社内外から情報収集）
14:00	会議準備（情報分析・提案資料作成）
16:00	経営企画部長と議論
17:00	計画修正、メールチェック 退社

ある一週間の様子

月曜日	担当プロジェクトの進捗を確認し、今週の行動計画を更新。入念に準備して重要会議へ提案。
火曜日	午前はグループミーティング。プロジェクトの進捗や課題などを共有。午後は、生産関連プロジェクトAの現状を確認し、担当業務を前に進める。
水曜日	米国子会社と電話会議。午後は、グローバルプロジェクトB（グローバルで分析するしくみづくり）について、経理財務、医薬開発担当者と話し合い。
木曜日	プロジェクトA内のチームリーダーたちとリーダー会議で現状を確認し、全体計画を調整。
金曜日	プロジェクトに関係する取引先企業との面談。重要な会議へ提案する内容について、事前に社内の役員と面談し、提案の内容について相談。プレゼンテーションの準備。

していくか、研究部門とプロジェクト化して進めていく機会はあります。

新しい薬になりそうな研究を始めるときには、「今ある薬より効き目がありそうか」「より多くの患者さんの健康を守ることができるかどうか」を研究部門で検討する一方で、経営企画では、**会社としてその研究を進めるべきか、現在の会社のお財布事情や経営目標にもとづいて研究部門にアドバイスします。**化学の知識や経験があると、このような話し合いをスムーズにおこなうことができ、お互いに信頼感をもってしごとができます。

10年後に会社がどう成長しているか予測しながら、研究分野を選択することはとても重要ですが、正解は誰にもわかりません。研究も経営も、成功するためには、長い時間とお金が必要です。**多くの情報をもとによく考えて判断し、忍耐と熱意が大事**という点では共通しています。大学で長年、化学の研究をやってよかったと実感しています。

志望理由は？ なぜ経営企画職を志したのか！

私は、薬になる化合物を、化学の力で大量につくる方法を開発するために研究者として入社しました。いくつかの研究開発品に携わったあと、製品の生産計画・調達・流通・在庫を管理するサプライチェーンのしごと（SCM企画職）も4年経験しました。

企画職は、人と人をつないでしごとの流れをよくしたり、新しいしくみを提案して関係部門と共同で進めたりするために、**リーダーシップを発揮する職種です。**研究職を離れてから企画職のやりがいやおもしろさを実感し、企画のプロフェッショナルをめざすことにしました。経営企画のしごとは会社の経営に直接影響することが多く、経営陣からの期待とプレッシャーも大きいしごとです。その環境に挑戦したいと思い、自ら異動を志願したのです。

グループ内で議論して知恵を出し合います

やりがいは？ 喜びの前にも後にも厳しさあり！

経営企画部にいますと、会社の経営状況がよく見え、その成長を身近に感じることができます。ゆえに、**経営企画からの提案は会社の流れを大きく変えることもあります。**これまで誰もやったことのない未知のことに挑戦し、成果を生み出すことができれば、大きなやりがいを感じます。

新しい提案の前には、アイデアを練って社長や役員に相談します。大きな改革案であれば、そう簡単に「いいね」とは言ってもらえませんし、何度もやり直すことも珍しくありません。厳しい指摘を受けながらも、計画どおりに提案が受け入れられたときには大きな喜びを感じます。

アイデアについて事前に相談することも

しかし、ここで終わりではなく、提案を実行し成功させるには、たくさんの課題に向き合う必要があります。**医薬品の生産や営業などの現場における厳しい現実をしっかりと受け止め、一緒に解決していく**ことも経営企画の重要なしごとのひとつです。

オススメです！ 文系でも理系でも！

「経営」と聞くとどうしても文系が有利のように見えますが、そんなことはありません。経営企画部は、多様な人材で構成されており、営業販売、研究開発、経理財務、ITなどの専門性を高めてきた少数精鋭でしごとをしています。

経営企画のしごとは、経済やマーケティングの知識を必要とし、それに論理的思考力、情報分析力、プレゼンテーション力などを高めていける人に向いています。高いビジネススキルが求められ、憧れのビジネスパーソン像に近いのではないでしょうか。

このしごとに就くには!?

新卒採用ですぐにこのしごとに就ける会社は少ないでしょう。まずは入社して配属された職場についてよく知り、誰にも負けない自分の強みをつくることが大事ですね。そして、何歳になっても新たなことを学んでいく好奇心や、過去の実績にこだわらない柔軟性をもつことが、企画職に求められる素質だと思いますよ。

ワンポイントアドバイス！

これからの会社経営には、斬新なアイデアをもった若い人材が活躍できる機会がもっと増えてくると思います。10年後の会社やビジネスの形はずいぶん変化を遂げていることでしょう。その第一線で活躍するには、教科書どおりの勉強ができることより、得た知識や情報から誰も考えなかった新しい発想で経営を企画できることが必要だと確信しています。

24

企業での製造・販売・管理

製造現場

製造工場で、材料を計量して、適切に配合し、混合機に投入して、タイヤの材料となるシート状のゴムを生産するしごとです。

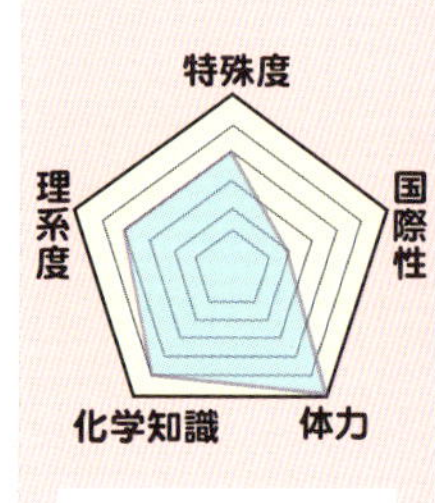

プロフィール

西上紘司（にしがみひろし）。2006年、東洋ゴム工業株式会社（現・TOYO TIRE株式会社）技術開発本部材料開発部入社。2016年に同社仙台工場 技術開発本部材料開発部 技術課材料グループに配属され、ゴムの混合生産技術の開発をおこなっている。

何をしてる？ 大きな機械で材料を混ぜてゴムをつくる！

タイヤは、10種類以上の混合ゴムと数種類の補強材を組み合わせた集合体でできています。そのなかで大半を占める混合ゴムは、天然ゴム・合成ゴム・カーボン・シリカ・硫黄・オイル・その他薬品などの**原材料を、大きなミキサーで混ぜ込んで、つくっています**。私は、その混合ゴムを、安定した品質でつくるしごとをしています。

どんなしごと？ 料理をつくる手順と同じ！

混合ゴムをつくるためには、次の三つの大きな工程があります。

① 決められた材料を適正に計量する「**配合工程**」
② 配合された材料を混ぜる「**混合工程**」
③ 混合されたゴムを次工程で使いやすくする「**シート工程**」

ゴムの混合は、料理をつくる手順に置き換えるとわかりやすいと思います。まずは、配合工程（料理でいうと「**材料準備**」）で、決められた材料を決められた大きさや形状・形態で計量し、準備し、ミキサーにセットします。余談ですが、このときに、次の配合の準備も同時にすることで、効率よくしごとができます。

配合の準備が整うと、次は、混合工程（料理でいうと「**調理**」）です。私のメインのしごとになります。各配合に合わせ、温度・時間を調整し、混合していきます。各材料には適正な温度と時間がありますので、ミキサーに投入するタイミング、混ぜ込む時間、ミキサー回転数を調整しながら混合ゴムをつくります。

最後は、混合ゴムを次工程で使いやすくするシート工程（**料理でいうと「盛りつけ」**）です。混合ゴムを、ローラーで一定の厚みのシート状に薄く加工する工程で、ローラーの回転数や機械の連動が重要です。このとき、シートゴムの硬さや表面状態を確認し、次工程で使用できるものか判断します。

原料ゴムを混合機にセットしています

ある１日の様子

8:30	体操 朝礼
8:45	メールチェック
9:30	配合準備
11:30	混合１回目
12:30	混合２回目
14:00	打合せ
15:30	混合３回目
17:00	混合片づけ
17:30	検査結果確認
18:30	退社

ある一週間の様子

月曜日	技術本部から配合スペックが届く。原材料を準備し、生産スケジュールを調整し、ゴムを混合。
火曜日	生産スケジュールを調整し、昨日の続きのゴムを混合。試験結果を確認。商品報告会資料作成。
水曜日	技術本部から配合スペックが届く。原材料を準備し、生産スケジュールを調整し、ゴムを混合。
木曜日	生産スケジュールを調整し、昨日の続きのゴムを混合。試験結果を確認。商品報告会資料作成。
金曜日	商品報告会。その後、報告会のアフターケアをおこなう。

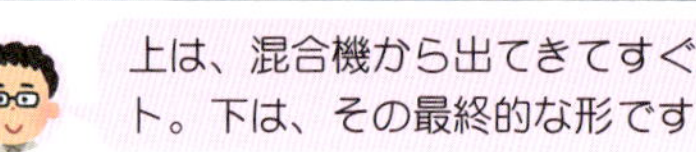

上は、混合機から出てきてすぐのゴムシート。下は、その最終的な形です

化学との関係　専用の薬品を加えてゴムの特性を出す！

ゴムを混合するしごとは、単純にミキサーにゴムを入れて混ぜるだけのものですが、多くの化学が影響しています。

最近のゴムは、さまざまな物質と結びつくように、ゴムの表面にいろいろな反応基をもっており、特異な性能を示します。カーボンはゴムに混ぜ込むと硬さを出すことができ、補強材として使われますが、ゴムに混ざりやすくなるよう、大きさや密度が調整されています。近年使用されるようになったシリカは、薬品と混ぜることで、化学反応させ、硬さに加えて弾力性をもたすことができます。硬くなったゴムを加工しやすくできるよう、ゴムに溶け混む専用のオイルを混ぜ込み、ゴムを柔らかくすることもできます。硫黄をゴムに混ぜ込むと、ゴムらしい性能(粘弾性)をもたせることができます。**ゴムにもたせたい特性ごとに専用の薬品を入れ、特徴的なゴムをつくる**ことができるのです。

単純に材料を混ぜているだけのように見えますが、実はこのように、**それぞれの化学反応・特性を調整しながら、適切に混合しています。**

志望理由は？　車好きからタイヤメーカーに！

将来のしごとを考えたとき、身近なもので絶対に必要なもののひとつとして「車」を考えました。車を運転することも好きでしたので、最終的にタイヤをつくる業種に行きつきました。外国文化にも興味があったので、海外に拠点をもつ、いまの会社を選びました。

職種については、化学科を卒業していたのもありますが、新しいものをつくるのが好きでしたので、さまざまなものを新規開発・研究する材料開発部を選びました。

材料開発部で開発業務に携わるなかで、**開発したものを、より安定的に、より性能よく、より効率よくつくり育てたい**と思うようになりました。そして、工場で勤務できないか、上司に相談し、現在の部署に異動しました。

やりがいは？ 現場で仲間と一緒にとりくむ！

自分が携わったゴムが、**商品として販売店に並んだときは、格別の気分です。**

とくに、その商品に対して、生の声やネットの書き込みで好意的なコメントを見かけると、「私がつくりました」と自慢したい気持ちになります。苦労したものはなおさらです。

ほかには、今まで混合できなかったゴムをいろいろなアイデアを出して混合できるようになったときも、うれしい気持ちになります。

しかし、一番のやりがいは、**現場で困っていることに対して、仲間と一緒になって対処していき、解決でき、最後に「ありがとう」と言ってもらえることです。**そんなときは、このしごとをしていてよかったと心底思います。すべての問題が解決できるわけではありませんが、仲間と一緒にとりくむことで、新たな発見が生まれます。むだだと思うことなどありません。

フォークリフトでゴムシートを運搬します

オススメです！ リアルタイムで製品現物を確認！

製造現場（工場）のよいところは、**何か問題があったとしても、現場で現物を確認できる**ことです。ですから、リアルタイムで対応・調整ができます。

また、このしごとはひとりではできませんので、さまざまな人の意見が聞け、自分だけではどうしようもなかったことが、できることがあります。**人と人のつながりが、しごとと自分を支えていることを実感できる場所です。**

このしごとに就くには!?

必要な知識や技能は、就職してから取得できます。大事なことは、「なぜだろう」という気持ちをもち、その疑問に対して探究することです。チャレンジ精神ですね。あと、コミュニケーション能力は、しごとを楽しくするのに必要です。ぜひ磨いてください。

ゴムは、さまざまなところで重要な役割を果たしています。化学も、さまざまなところで使用されています。目には見えなくとも、何ごとも基本が大事です。みなさんの将来の礎になりますよ。この本を機会に、ぜひ基本を培ってくださいね。

ワンポイントアドバイス！

コラム

化学のしごとを考えている若いあなたへ 3

近藤忠夫
（こんどうただお）
株式会社日本触媒名誉顧問。1944年生まれ。京都大学大学院工学研究科合成化学専攻博士課程修了（工学博士）。現㈱日本触媒入社。代表取締役社長、取締役会長などを歴任。2007～08年近畿化学協会会長。

化学のしごとは挑戦しがいのある世界ですよ！
―日本の化学産業の「今」と「これから」

日本の化学産業がどんな製品を生産・販売しているか、ご存じでしょうか？

今日の化学産業は、主に石油を原料として、化学品、合成樹脂、合成繊維、合成ゴム、塗料、印刷インキ、接着剤、化粧品、洗剤、情報・電子材料、化学肥料、農薬、医薬品など幅広い分野の製品を生み出し、私たちの生活に役立っています。化学製品は、直接消費者に販売される最終消費財としてよりも、最終消費財の素材となる「産業中間財」として、いろいろな分野で提供されています。

化学産業は、化粧品、洗剤、医薬品といった一部の最終製品を除くと、一般にテレビ・コマーシャルなどによる派手な宣伝活動をしない地味な業界ですが、製造業における素材提供者として大きな役割を果たしているのです。

化学産業が生産している産業中間財品は多岐にわたりますが、大きくは基礎化学製品（さまざまな製品の原料となる製品）と機能性化学製品（化学物質のもつ機能を生かした製品）に分けられます。石油資源をもたない日本では、基礎化学製品は世界レベルの競争力をもちませんが、機能性化学製品は世界レベルで競争力があります。情報・電子、自動車・航空機、生活・日用品、健康・医療など、広範な用途分野で高いシェアを堅持しています。

近年、日本の化学産業は、情報・電子産業や自動車産業などからの要請に対応して、グローバル事業展開を急速に進めています。そして世界で戦っていくために、機能性化学製品の研究開発力を高め、成果をあげてきています。今や、化学産業による革新的な機能性化学製品が製品革新をリードしているといっても過言ではありません。私は、資源をもたない日本の化学産業がめざす目標は、機能性化学製品分野で世界のリーダーとなることと信じています。

化学産業は代表的なエネルギー多消費産業ですから、地球環境問題の解決に率先してとりくんでいます。たとえば、軽量で断熱性や強靭性に優れたプラスチック素材、太陽電池やリチウム電池、LEDや有機EL照明器具などの開発による省エネルギー化が進められています。

さらに、化学業界は、2015年に国連が全会一致で採択したSDGs（17の持続可能な開発目標）の達成をめざした具体的な行動も開始しております。ぜひとも化学のしごとの仲間に加わってください！

第Ⅳ部

マスコミ、その他専門職のしごと

25

マスコミ、その他専門職

新聞記者（科学担当）

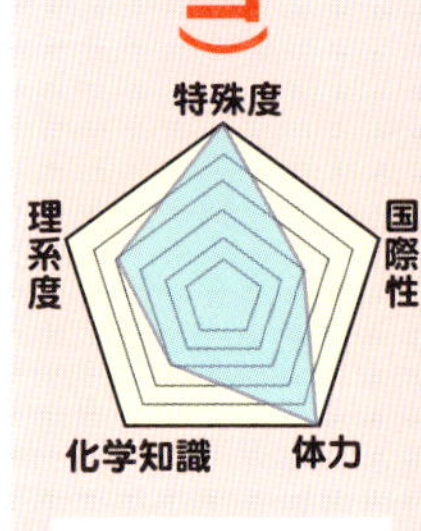

自然科学や生きもの、医療などをテーマに取材し、新聞やインターネットの記事としてニュースにして、届けるしごとです。

プロフィール

戸田政考（とだまさとし）。2009年大阪大学工学部を卒業後、パナソニックに入社。退職後、早稲田大学大学院を経て、2013年に朝日新聞社へ。香川、千葉で勤務後、2017年から東京本社科学医療部で環境や医療を担当。

何をしてる？

事件やできごとをニュースにして伝える！

みなさんが毎日、新聞やスマートフォンで読んだり、テレビで耳にしたりするニュースを書いています。たとえば、何か大きな事件やできごとなどがあったとき、自分で行くには少し遠い。あるいは、学校の授業や友達との予定があって、そんな時間はつくれない。そんなとき、みなさんの代わりに**現場に行き、起きていることを見たり、詳しい人に話を聞いたりして、わかりやすく文字にして伝える**。それが記者のしごとです。

どんなしごと？

科学や医療の現場や専門家を取材！

記者として駆け出しのころは、火事や交通事故、選挙や高校野球など、いろんなことを取材して記事を書きます。そうやって幅広い経験を積みながら、しだいに専門性をつけていきます。**私の場合は、「科学」や「医療」がテーマです。**

もともと、学生時代から、地球温暖化などの環境問題に興味をもっていました。温暖化によって海水面が上がり、水没の危機にあるモルディブという国の島を取材したこともあります。日本では実感しにくいですが、世界ではすでに被害が出ていて、**現地の様子はもちろん、温暖化のしくみやそれを防ぐ対策を伝えるのもまた記者のしごとです。**

医療のほうでは、たとえば、「iPS細胞」という言葉を聞いたことがありますか？ 簡単にいうと、iPS細胞はどんな細胞にもなれる可能性を秘めた細胞です。日本人研究者がつくりだし、ノーベル賞も受賞しました。これを使い、悪くなってしまった体の組織を再生させる治療ができないかという研究が、目や心臓などのいろんな部位で進んでいます。いつごろ治療として実現するのか、お金はいくらかかるのか。そういった情報は、患者さん本人やそのまわりの人だけでなく、多くの人が知りたいことなので、**研究者に取材してニュースにしています。**

ある１日の様子

10:00	大学で医療関係の研究者を取材
12:00	取材先とランチ
15:00	新しい医療技術を開発したという企業の記者会見に出席
18:00	会社に戻り、原稿を書いたり今後の取材の準備をしたりする
22:00	退社

化学との関係

理系出身者が多いが文系出身の記者も！

実は、学生時代は理科が苦手で、勉強がどう役立つのかわからなかったのですが、取材で医師や研究者らの話を聞く際、**中学や高校の知識があるだけで理解を助けてくれます。**大学では環境工学を学んでいたので、温暖化のしくみや再生可能エネルギーなど、環境分野の取材では直接生きています。

科学医療部は新聞社のなかでは理系出身者が多く、動物関係や基礎物理など、研究者かと思うほどに詳しい人もいます。ただ、文系出身でありながらも、詳しい記者も多く、そ

ある一週間の様子

月曜日	研究者への取材。夕方前に会社に戻り、取材状況の共有や打合せ。
火曜日	午前と午後に、それぞれ大学病院の先生を取材。夜は知人と会食。
水曜日	取材に向けた本や論文を読んで準備。午後は医療の専門家を取材。
木曜日	午前はじっくりと原稿を執筆。午後から、生物に詳しい先生に取材。夜は会食。
金曜日	国が開く会議を取材。昼は取材先とランチをし、午後に大学病院の先生を取材。

の意味では**働きながら学ぶことのほうが大切なのかもしれません。**今も勉強はたいへんですが、知らなかったことを知るというおもしろさを気づかせてくれたのが、学生時代の化学などの勉強だったと思います。

朝日新聞

2018年（平成30年）8月17日 金曜日

朝日新聞東京本社

ゲノム治療 規制より速さ

がん臨床研究 米に先行

チャイナスタンダード CHINA STANDARD

「インドから来ている患者がいる。会ってみるか」

7月上旬、中国沿海部の浙江省にある杭州市腫瘤医院。院長の呉式琇(54)の紹介で、病棟の3階に案内された。8畳ほどの個室のベッドにパジャマ姿のサンジュティ・サワール(56)が横になっていた。顔色が悪く、首元から治療用チューブが延びている。

この病院では、世界に先駆けて新しいがん治療の臨床研究が進む。ゲノム編集技術「クリスパー・キャス9」を用いて患者の血液に含まれる細胞の遺伝子を操作し、免疫の力でがん細胞をたたく方法だ。末期の食道がんで治療法がなくなったサワールは、知人のつてをたどり、最後の希望を求めて中国にやってきた。

狙った遺伝子を効率良く編集できるキャス9は、この数年で研究現場に急速に浸透。「ノーベル賞候補」との声が上がる。研究レベルでは、生まれつき身が多い魚や筋肉量を増やしたブタ、ヒトの遺伝性難病を発症するサルを誕生させるなど、様々な成果につながっている。

ただ、人体への応用は未知数だ。うまく行けば、がん治療に革命を起こす可能性を秘めるが、現時点で安全性や効果が確かめられたわけではない。予期せぬ遺伝子の改変が起こる恐れもあり、欧米の専門家から「慎重になるべきだ」との指摘が相次ぐ。サワールは「他に方法はない。これが最善だと信じている」と、か細い声で話した。

米国立保健研究所（NIH）によると、患者にキャス9を使う臨床研究は世界で十数例の計画があり、ほとんどが中国の医療機関だ。先行した米ペンシルベニア大は、2年前に米食品医薬品局（FDA）に許可を申請。審査に時間がかかり、ようやく今年になって認められ、患者の募集が始まった。ルールの差が、米中のスピードの違いを生んだ。呉によると、中国では国の審査を受ける必要はなく、病院内の検討だけで実施に踏み切った。審査に要したのはわずか3週間だ。

昨春以降、呉は30人以上の患者を手がけた。いずれも末期の患者で、効果はまだ判然としない。それでも呉に迷いはない。「時間をかければ患者は死ぬ。大切なのは同意だ」

◇

中国は、医療や生命科学分野で「2020年までに先進国に並び、一部で先導する」とする国家目標を掲げる。実力とスピードを備えた大国の台頭は、欧米中心だった医療研究の基準や倫理観を揺さぶっている。

＝敬称略

（杭州＝戸田政考）

がん患者のサンジュティ・サワール（左）と話す院長の呉式琇＝中国浙江省、病院提供

私が書いた医療関係の記事のひとつです

志望理由は？

地球環境問題を伝える側に！

将来、どんなしごとをしたいか。初めてきちんと考えたのは高校2年の秋でした。自然が好きだったことや、地球温暖化が問題になっていたこともあり、「地球を守るようなしごとってかっこいいな」と思ったのが原点です。そのためには何を学び、どの大学がいいかを調べました。

当初は、太陽光発電などの再生可能エネルギーなどに興味をもち、工学部にしました。ただ、大学で視野が広がり、政策や、ひとりひとりの関心を高めることも大切だと思うようになりました。

記者になった理由はいろいろあるのですが、ひとつは、「地球異変」という新聞記事を読んだことです。自分の知らなかった海外のできごとを知り、**「自分が伝える側になりたい」という思いが芽生えたのが、大きな原動力となりました。**

やりがいは？

届かない声を届けたい！

取材した記事がインターネットで配信されたり、全国で配られる新聞に載っていたりするのを見るとやりがいを感じます。テスト勉強をがんばったらいい点がとれた、というのに近いかもしれません。自分のがんばりが成果としてかたちで見えると、高いモチベーションが保てます。「読んだよ」と

いう親や友達からの連絡もうれしいですね。

あるとき、こんな経験もありました。「日本のみんなに、われわれの現状を伝えてほしい」。少し前に書いたモルディブの取材で、現地の人から言われた言葉です。**SNSが発達した時代ですが、届かない声もまだまだあります。**この人たちの声をニュースにして届けることは、とても大きなやりがいだと思います。

職場はこんな感じです。資料や本がたくさん並んでいます

オススメです！
多くの人に発信できる！

誰でも発信者になれる時代ではありますが、**自分の書いた記事が多くの人に届く**というのは報道機関ならではかもしれません。読者から、「記事を読みました」というお手紙をもらうこともあり、そのときはがんばりが報われた気もします。

もちろん、好きなことばかりできるわけではありませんが、興味のあることをしごとにできるので、そういう性格の方にはとても合っていると思います。

このしごとに就くには⁉

特にこれというものはありませんが、必要なものをあえてあげるとしたら「好奇心」だと思います。科学だけでなく、政治やスポーツなどの分野を取材するにしても、原動力は、やはり「知りたい」という思いかな。

ニュースは時代の教科書的なものだと思っています。なかには、少し難しい話やまったく知らなかったテーマもあるかもしれません。でもそういうものにこそ興味をもってみてください。新しい世界が広がりますよ。

26

マスコミ、その他専門職

理工書編集者

浅井 歩（あざいあゆみ）。大阪大学大学院理学研究科修士課程を修了後、2007年に株式会社化学同人に入社。編集部に所属し、大学の理系向け教科書などの企画・編集をおこなっている。4歳と1歳の2児の母。

プロフィール

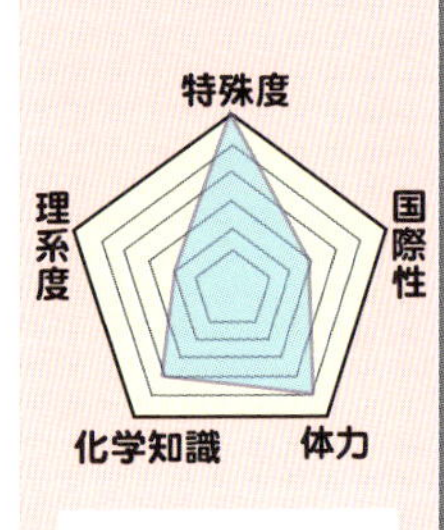

大学で使う教科書や専門書、一般向けの科学読み物などといった、自然科学の本を企画・編集し、世に送り出すしごとです。

何をしてる？

化学の本を発行する理工系出版社！

世の中にはたくさんの種類の本がありますが、私が勤める化学同人という出版社は、化学に関する書籍を中心に、年間50点以上の新刊を発行しています。化学を学ぶために必要な教科書や専門書、化学のおもしろさを伝える読み物などを出版し、**将来の化学者を育てたり、化学の知識を一般に広めたりする役目を果たしています。**

どんなしごと？

理工書はこうやってつくられる！

「出版社」のしごとは、大きく三つに分けられます。一つ目は、どのような本をつくるか考える「**企画**」。二つ目は、著者から預かった原稿を実際の本の形にしていく「**編集**」。三つ目は、できあがった本を宣伝・販売する「**営業**」です。

まず「企画」では、どのような本を世の中に出せばいいか、**どんな本が求められているのかを調べたり考えたりして「企画書」にまとめます。**企画書には、どんな著者に、どのような内容で、誰に向けて本を書いてもらいたいか、そしてどれくらいのページ数・価格にするのかなど具体的なイメージを書きだします。いわば、本の「設計図」です。そして、その設計図をもとに**原稿を書いてもらえるよう、著者にお願いをします**。

たとえば、大学生向けの有機化学の新しい教科書を企画する際には、講義をされている先生に話を聞いて、現状やニーズを調査します。さらに、どうすれば今までの教科書と差別化できるか、より学びやすくなるか、コストを抑えられるかなどを複合的に考えて、企画を練り上げていきます。

著者から原稿を受け取ったら、「編集」のしごとがスタートします。著者が書いた文章を細部まで徹底的に読み込み、わかりにくい文章や誤字などがあれば修正します。文章が整ったら、読みやすい文字の大きさや行間を考えて、紙面にレイアウトします。また、理工系の書籍では、グラフや模

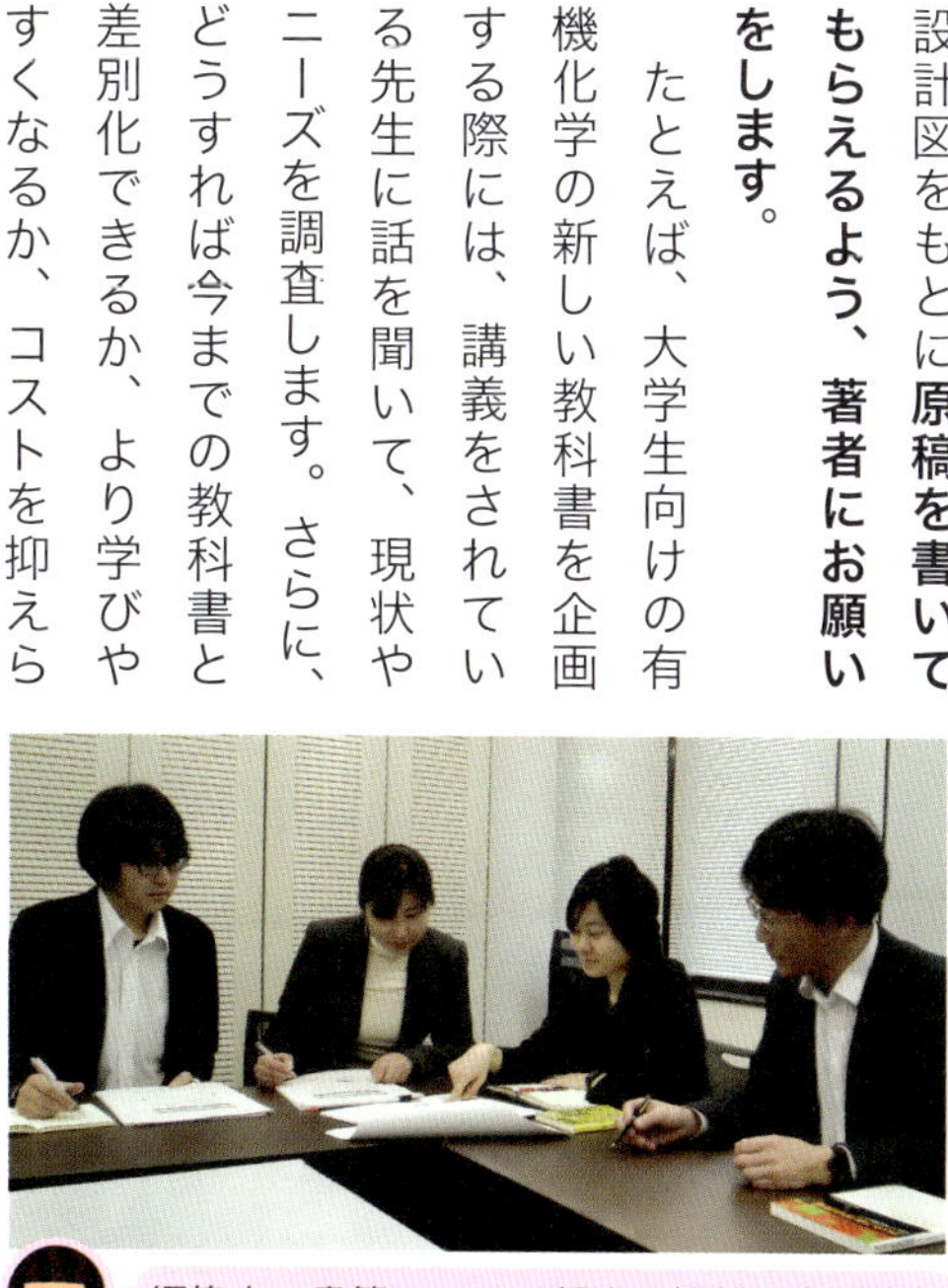

編集中の書籍について部内で検討し合います

ある1日の様子

9:30	出社 メールチェック
10:00	編集部の会議で 制作の進捗を確認
11:00	印刷見本の確認
12:30	有機化学教科書の 「索引」を校正
14:00	社外で著作権セミナーを受講
16:00	帰社。新しい企画のための大学シラバス調査
17:00	退社

★本来は 9:00 ～ 17:30 が勤務時間だが、現在は育児短時間勤務中。

ある一週間の様子

曜日	
月曜日	午前は、著者の先生が来社され、新しい本をどんな目次にするかの打合せ。午後は外出。近くの大学へ雑誌を届ける。
火曜日	午前は編集部全体の会議。午後は、著者が執筆した原稿を印刷所でゲラ（本の紙面の見本）にしてもらうための整理や指定の作業。
水曜日	先週整理した原稿の校正ゲラが印刷所から届いた。指定どおりになっているかチェック。その後は新たな章の原稿整理。
木曜日	来週の企画会議で検討してもらうための教科書の出版企画書を仕上げ、調査した資料を添えて上司に提出。
金曜日	以前に相談していた出版企画について先生からメールが届いたので御礼の返信。午後は、教科書のゲラを校正してもらうために著者に送付。

式図が重要なので、著者のアイデアにもとづいて、**整ったきれいな図版を作成することは重要な作業です。**必要に応じて適切なイラストや飾りを加えることもあります。化学の本では、本文に登場する化合物の構造式を新たに書き起こすこともあります。

　このような作業を何段階も積み重ねて、本は完成へと近づいていきます。最後に、表紙・カバーのデザインや、どのような紙に印刷するかなどをデザイナーと協力して決め、印刷所へ発注します。

印刷所からあがってきた校正ゲラをチェックします

化学との関係　化学の知識や経験が本づくりに役立つ！

　化学の書籍を担当する場合は、日常的に化学に関する文章を読み、構造式などにも接します。ですから、大学で学んだ知識が役に立つことはもちろんです。しかし、化学の知識をもたなくても、化学書の編集は可能です。現に私も、大学では生物を専攻し、化学出身ではありません。ですが、理系出身でよかったと思うことは少なくありません。

　まず、**教科書を編集する際は、自身が大学でその科目を学んだときの経験や実感が役に立ちます。**勘違いしやすいところや理解しづらい点がわかるので、そこを重点的に編集することで、よりわかりやすい教科書に近づけられているように感じています。

　また、**大学時代の研究や先生とのつながりから、新しい企画を思いついたり、人脈を広げられたりすることもあります。**さらに、専門書の執筆者はほとんどの場合、大学の先生（研究者）です。編集中は本の内容について著者と対等に議論しなければならないことや、目次を自分で考案することもあり、そのようなときはとくに理系の知識と経験が役に立っていると感じます。

志望理由は？　科学を「伝える」しごとがしたい！

　将来のしごとを考えていた大学院生のころ、自分の研究内容を一般の方へ発表する機会がありました。専門知識をもっていない人に研究内容をわかりやすく伝えるにはどうしたらいいかと工夫を凝らし、発表は大成功でした。そのときに、**科学を「伝える」ことをしごとにできないかと思ったので**

す。科学を伝えるしごとには科学館職員や教師などもありますが、私は幼いころから本が大好きだったので「科学の本をつくる」しごとをめざすことにしました。

編集者の醍醐味！

印刷所から会社に納品された書籍を、自分が一番先に手に取るときは、特別な気分になります。ですが、**それ以上にうれしいのが、読者からの読後感想です。**本にはさまれているハガキや、ウェブの書評コーナーなどで「わかりやすかった」「たいへん参考になった」「友達にもすすめた」などのコメントを見つけると、その本の編集に携わったことを自慢したい気持ちになります。

これまでに担当した書籍の一部です

また、**著者と特別の関係を築き上げられることも、編集者の醍醐味だと思います。**とくに理工系書籍では、本を企画してからでき上がるまで、長ければ数年間かかることもあります。著者と二人三脚で作業を進め、ようやく無事に本ができあがると、お互いに仲間のように喜び合える関係になります。私は、科学も好きですが、科学者も大好きなので、科学者の力になれたと感じるとき、とてもうれしく思います。

このしごとに就くには!?

とくに資格は必要ありません。ただ、正しい日本語を使う力や、文章を読む力は、短期間で身につかないので、日ごろから本や新聞の「良質な文章」に触れておくとよいでしょう。また、出版社は小人数の会社が多く、欠員補充の中途採用もよくおこなわれますので、ときどき情報をチェックするとよいと思いますよ。

本は、専門家が何人も集まり、時間と手間をかけてつくり上げています。とくに教科書には著者と編集者の工夫が随所に詰まっていて、一冊一冊に物語があります。そういう目で一度、本をながめてみてくださいね。

27

マスコミ、その他専門職

薬剤師

病院や薬局で、薬の効果や安全性について確認や説明をして、患者さんに適した薬が提供されるようにするしごとです。

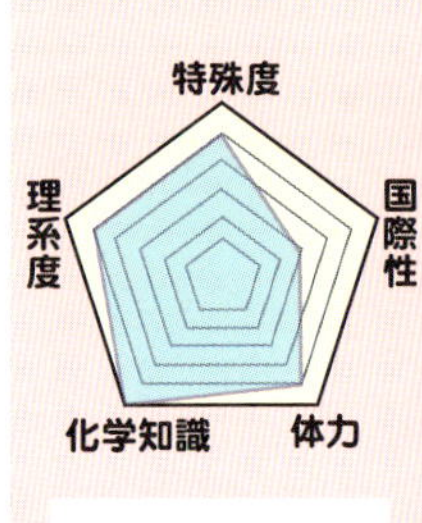

プロフィール

角山香織（かどやまかおり）。金沢大学大学院薬学研究科修士課程を修了後、1998年に金沢大学病院に入職。2003年神戸大学病院に異動。病棟業務や医薬品情報室業務に従事。現在は、大学教員として臨床研修を継続している。中学1年生と5歳の2児の母。

何をしてる？

お薬の専門家として！

「くすり」は反対から読むと「りすく」と読めることに気づいたことはありますか？　お薬には、病気を治療する効果だけでなく、望ましくない作用（副作用）があります。また、患者さんや医療従事者がお薬の使い方を間違えると、大きな健康被害につながることがあります。

薬剤師のしごとの大きな目的は、**お薬の専門家として、患者さんに使われるお薬の効果を最大限に引き出し、さまざまなリスクを最小限におさえることです。**

どんなしごと？

より効果的、より安全に！

私は病院で薬剤師として働いていました。そのしごとには、患者さんに対するしごとと、病院全体のしごとがあります。

患者さんひとりひとりに対するしごととして、医師が患者さんにお薬を出したとき、そのお薬が

● 患者さんの疾患やその症状の程度に適しているか

- 患者さんの腎・肝機能からみて投与量は多すぎないか
- 効果を十分に引き出すには投与量が少なすぎないか
- 一緒に使うお薬との相性（相互作用）に問題はないか

など、さまざまな角度から確認します。必要に応じ、医師に問題点を伝え、**より効果的あるいはより安全な使い方や、別のお薬を提案します。**お薬が決まると、飲み方・使い方を患者さんや医療従事者に説明します。投与が始まったら、患者さんに話を聞いたり、血液検査の結果を確認したりして、お薬の効果や副作用など、経過を観察します。

一方、病院全体に関するしごととして、新しいお薬をその病院で使い始めるときに、その疾患に詳しい医師だけが使用できるよう使用者制限を設けたり、副作用の早期発見に必要な検査をしていなければお薬を出せないようにしたりするなど、**医師や看護師と協力してお薬の安全性を高めています。**

ある１日の様子

9:00	出勤。夜間患者状況を電子カルテで確認
9:30	退院患者に薬を説明。電子カルテ記載
10:30	調剤
13:00	入院患者の持参薬を医師や看護師に報告
15:00	医師や看護師と患者の薬物療法についてディスカッション
16:00	製薬企業担当者から新薬のヒアリング
18:00	海外論文紹介セミナー
19:00	退勤

化学との関係

化学の知識をフル活用して！

患者さんに注射薬を投与するとき、医師や看護師から「何に溶解して投与したらよいか？」と聞かれることがよくあり

ある一週間の様子

月曜日	午前は、週末の患者の状態を電子カルテや医師・看護師に確認。必要に応じて患者のもとへ。午後は、定期処方薬の入力状況や処方内容を確認。
火曜日	午前は、医薬品情報室で、院内採用医薬品集の来年度版改訂に向け、新しい医薬品の情報収集。午後は定期処方の内容について患者に服薬指導。
水曜日	午前は入院患者に糖尿病の治療薬の講義。午後は、医師・看護師・管理栄養士などとの糖尿病チームカンファランスで患者の薬物療法を相談。
木曜日	午前は医師カンファランスに参加。担当患者の訴えは副作用の疑いがあることを情報提供。午後は、一ヵ月間の質疑対応件数の集計や内容の整理。
金曜日	午前は、担当患者の入院中の薬物療法経過を、退院後に薬局薬剤師に渡せるよう準備。午後は、週末・週明けに使う注射薬の処方内容を確認し調剤。
土曜日 日曜日	土曜日は、新しく発売された抗がん剤の勉強会に参加。日曜日は、夕方から宿直業務のため出勤。

ます。注射薬は生理食塩液で溶解・希釈することが多いのですが、鉄欠乏性貧血の注射薬は、生理食塩液で希釈すると、凝析して沈殿が生じてしまいます。希釈せずに投与するか他の溶液で希釈するよう、医師や看護師に情報提供します。

　また、飲み薬の多くは、胃で溶け小腸で吸収されて効果を発揮します。そのため、胃内のpHにおける溶解度が重要です。胃酸の分泌を抑えるお薬と一緒に使用すると溶解度が極端に低下し、効果が得られなくなるお薬もあります。このような場合は、医師に他のお薬を提案します。医師に「この薬とこの薬は一緒に使えません」とただ伝えるより、**化学的な説明を加えることで、ぐっと説得力が増します。**

　体内に吸収されたお薬は、標的酵素に結合してその働きを阻害したりしますが、その効果の強弱は、共有結合なのかイオン結合なのか、その結合様式に影響を受けます。このように、薬剤師は化学の知識を日常的にフル活用しています。

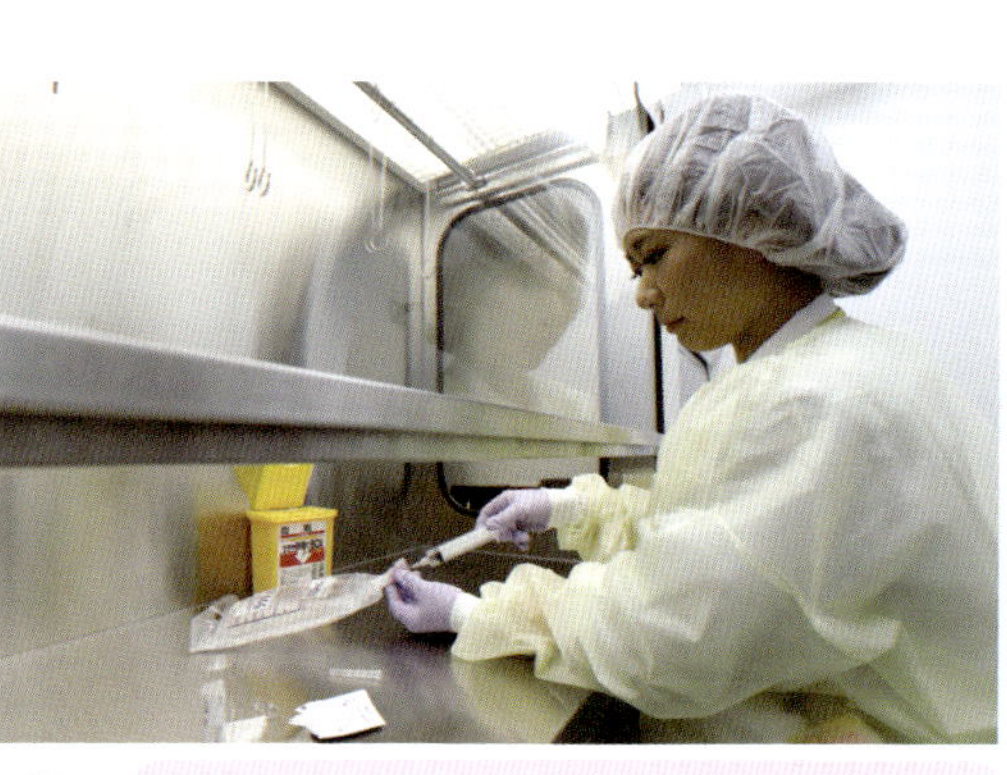

クリーンベンチで注射薬を無菌的に調製しています

志望理由は？

精巧な体をコントロールする薬のすごさ！

　高校生のころ、NHKで『驚異の小宇宙 人体』という番組を見て、体のしくみの精巧さに感動し、**小さな錠剤や少量の注射薬が、体のしくみに大きな影響を与えることに興味をもちました。**そのころ、血液製剤によるHIV感染問題が大きく報道されており、お薬のもつリスク面、そしてお薬に関わる人々の誠実さといった心構え的な面にも、たいへんな衝撃を受けました。そのような影響もあり薬学部に入りました。

　大学の研究室が附属病院薬剤部だったこともあり、**患者さんだけでなく医師や看護師にもさまざまな情報を提供し、縁の下の力持ち的な役割を果たしている薬剤師の姿に日常的に触れることができ、とても頼もしく思えました。**それで「私も薬剤師になりたい」と思ったのです。

やりがいは？

医療スタッフや患者さんとともに！

　医師や看護師などの医療スタッフに、薬学的な観点からお薬の効果を高めたりリスクを抑えたりする提案をし、治療方針を立てられたときには、患者さんの治療に少しでも役に立てたかな、と喜びを感じます。提案が受け入れられればもちろんやりがいを感じますが、それ以上に、医師、看護師などが、それぞれの専門性からしっかり意見を述べ合い、ときには意見の対立に葛藤しながらも、患者さんの暮らしぶりや生き様などをも考慮して、最適な治療方針を考えていく、**その関係性を医療スタッフや患者さんと築けたときに、さらに大きな喜びとやりがいを感じます。**

また、お薬の効果と安全性を高めるためには、患者さんご自身にもお薬の必要性や正しい使い方、副作用の初期症状などを理解していただかなければなりません。自分の説明が、患者さんの正しい服薬行動や副作用症状への対処行動につながったときには、「やった」と心の中でガッツポーズをするくらいうれしくなります。

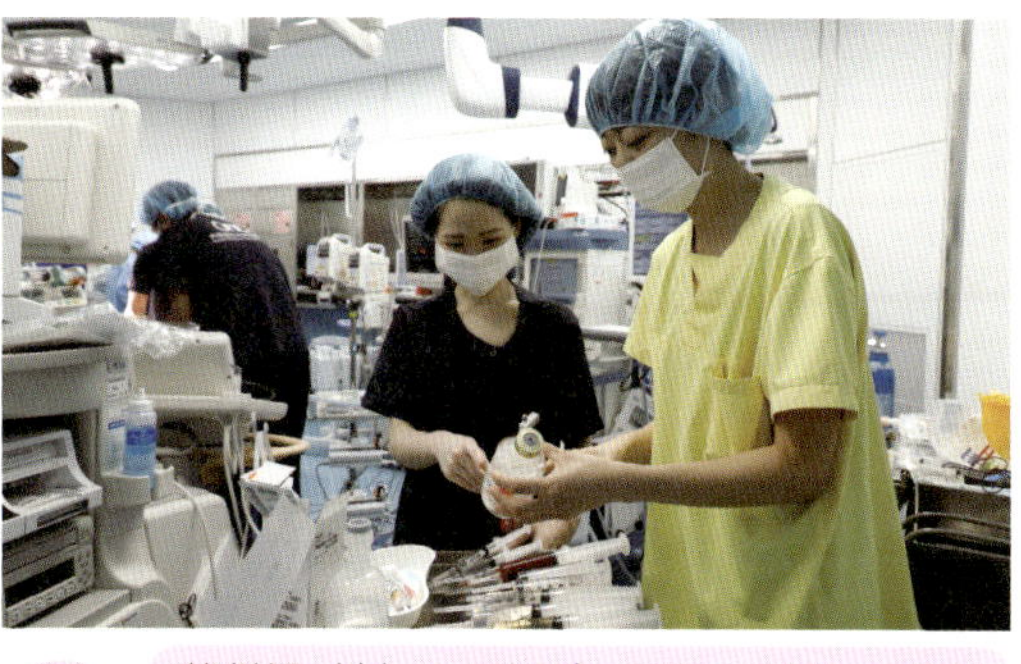

薬剤師（右）と医師が、手術で使用した薬剤の使用量を確認しています

薬物療法について、医師と薬剤師（一番左）がディスカッションしています

オススメです！

地域になくてはならない薬局の薬剤師！

薬局で働く薬剤師もいます。一般の方々の健康相談にのり、店頭で購入できる医薬品を紹介したり、受診を勧めたりするなど、**町の健康サポーターとしての役割を担っています。** また、患者さんのお宅や介護施設を訪問し、「お薬が飲めているか」「副作用は出ていないか」を確認したり、介護士からお薬に関する相談を受けたりと、地域になくてはならない存在です。

このしごとに就くには⁉

病院や薬局の薬剤師として働くには、国家試験に合格し、薬剤師免許証の交付を受けなければいけません。薬剤師の国家試験受験資格は、「6年制薬学課程を修めて卒業した者」に限定されており、薬学系大学の6年制課程を卒業する必要があります。

今、これを読んでいる間も、あなたの体の中では、エネルギー源となるＡＴＰが産生され、黙々と心臓が鼓動を打ち、命をつなぐための化学反応が生じています。若いみなさんだからこそ、今一度、人体のしくみの精巧さに目を向け、生きていることの神秘さを感じてほしいと思います。

28

マスコミ、その他専門職

文化財の保存・修復

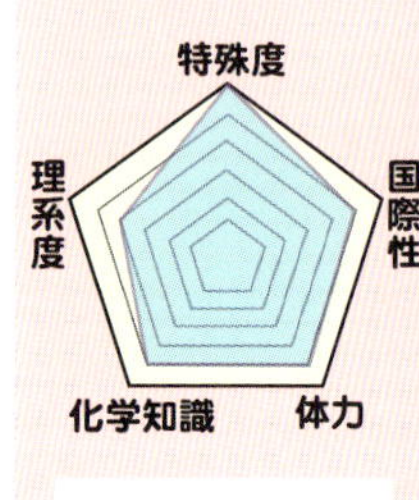

文化財の保存・修復を、科学的な面から支えるべく、顕微鏡観察や機器を使った分析、保存処理法の研究などをしています。

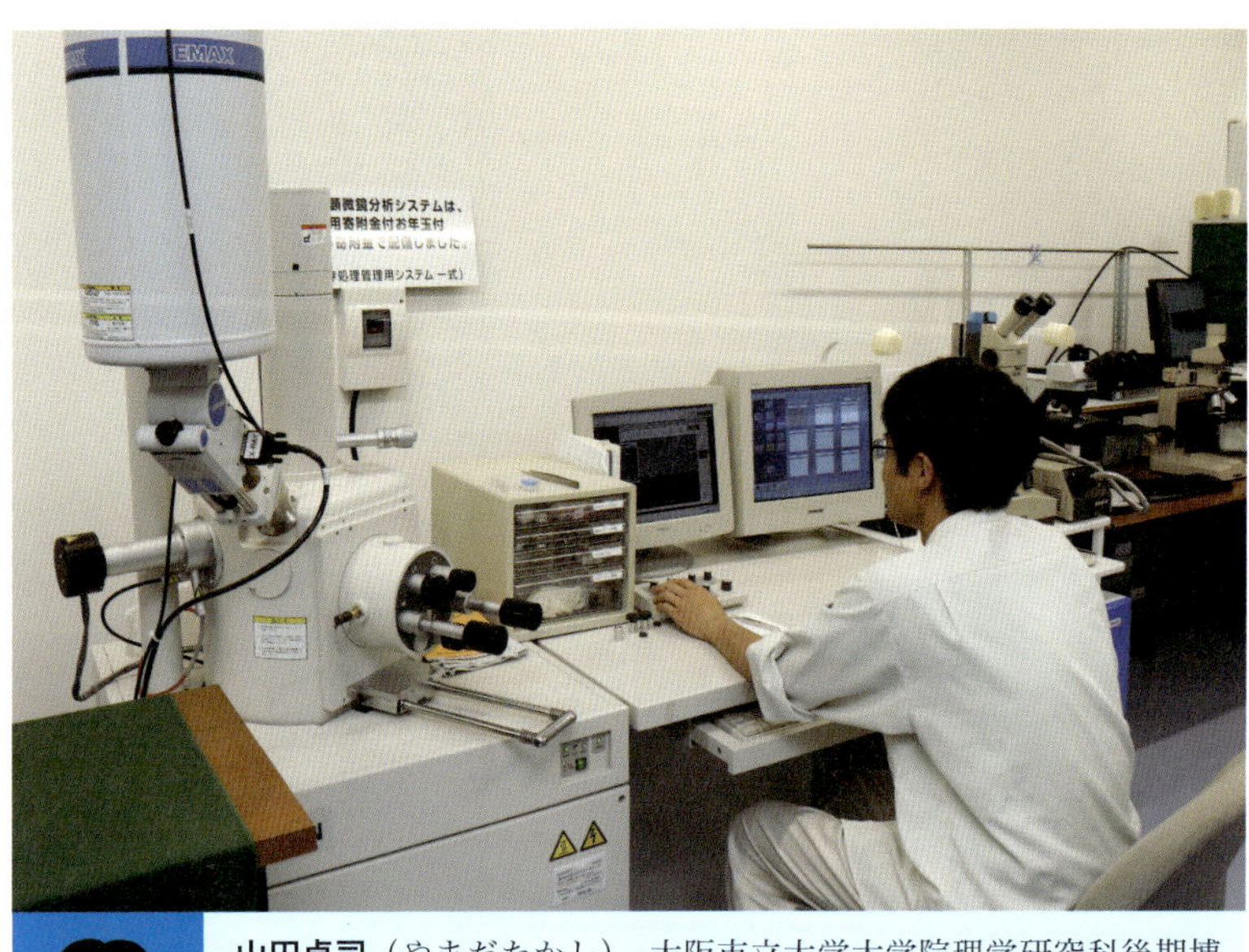

プロフィール

山田卓司（やまだたかし）。大阪市立大学大学院理学研究科後期博士課程修了後、2008年より（公財）元興寺文化財研究所・保存科学研究グループに所属。文化財保存・修復に関する分析や技術開発をおこなう。日々修復現場に出没。写真は電子顕微鏡の観察風景。

何をしてる？

文化財の保存・修復を科学で支える！

土の中から出てきた文化財は、突然の環境変化によって形が変わり、錆びてしまいます。人から忘れられ放置された文化財も、錆びたり、虫に食べられたり、カビが発生したりしてしまいます。元興寺文化財研究所では、日本各地で出土・放置された文化財を、博物館などで展示・保管するために、保存処理や修復をしています。その作業を科学の面から研究し、支えるのが、保存科学です。**文化財を後世に残し伝えるためにどうすればよいか、観察や分析、実験で確かめています。**

どんなしごと？

保存科学のおしごととは！

保存科学の最初のしごとは、文化財をよく見ることです。目だけでなく、顕微鏡（光学・電子顕微鏡）や科学的な測定機器（X線透過装置、蛍光X線分析装置）を使って、文化財の材質や状態を調べます。「診る」といったほうが正しいか

■ ある1日の様子

8:10	出勤 業務の連絡・相談
9:00	測定機器の校正
10:00	測定箇所の観察
11:00	測定
13:00	測定の続き・解析 解析結果の連絡・相談
15:30	保存方法の改良に向けた情報検索
17:15	終業

★平均的な退所時刻は18時30分です。

実際に保存・修復をする方との打合せ中です

もしれません。

次のしごとは、文化財が壊れないよう、保存・修復方法の改良や開発をおこなうことです。実際に保存・修復をする人と話し合い、少しでもよい方法はないか、日々研究・実験をしています。

ほかにも、文化財を保管・展示する場所が文化財にとって安全な環境かどうかを調査することもあります。文化財は人と違い、痛いとか疲れたとは言いませんが、人以上に安全な環境が必要です（人は一四〇歳以上生きられませんが、文化財は数百年、数千年と残っていきます）。

■ ある一週間の様子

月曜日	文化財を前に修復担当者や所有者と相談し、分析箇所を決定。事前に似た資料の分析事例を調査。
火曜日	実際に文化財を観察し、機器を使用して分析。得られた分析結果を共有して検討。
水曜日	分析結果をもとに報告書作成（校正は部署内全員でおこなうため時間がかかる）。
木曜日	保存処理の検討会議で、観察・測定結果をもとに、文化財にとってよりよい方法を検討。
金曜日	展示・保管環境の出張調査に向けた現地情報の確認と、調査に必要な機材の準備。

化学との関係

考古学と化学の両方の視点が必要！

たとえば、蛍光X線分析装置を使って、その文化財の素材は何か、青色に彩っている顔料は何か、などを調査することがあります。分析装置は、操作が自動化され、簡単に測定できるようになりましたが、解釈を間違えると、事実とまったく異なる結論となってしまいます。**測定結果を解釈する際には、考古学的知見と科学的知見を組み合わせることが必要になります。**

また、保存・修復には、接着剤や有機溶剤などの化学薬品を多数使用しますので、文化財だけでなく作業者の安全にも気をつけなくてはいけません。安全に使用するために化学的な助言もおこないます。

保管環境においては、空気中に含まれるすごく微量（百万分の一より少ない）の化学物質が影響します。それらが何から発生しているかなどについて調べるのにも、化学的な知識を必要とします。

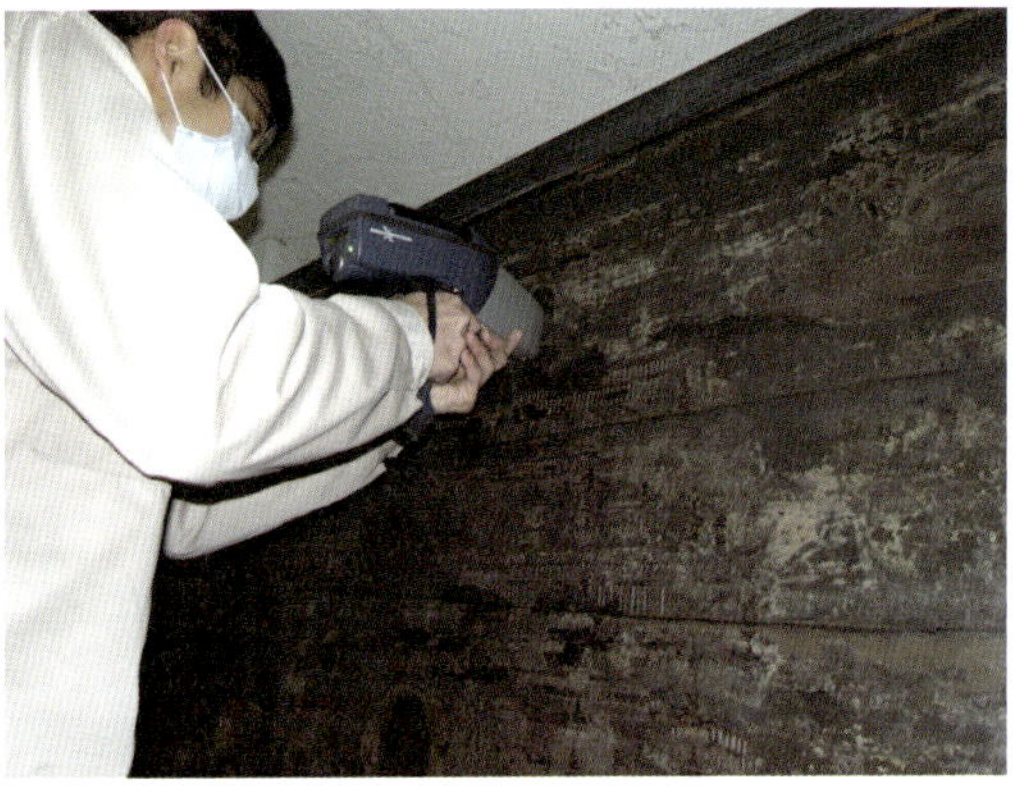

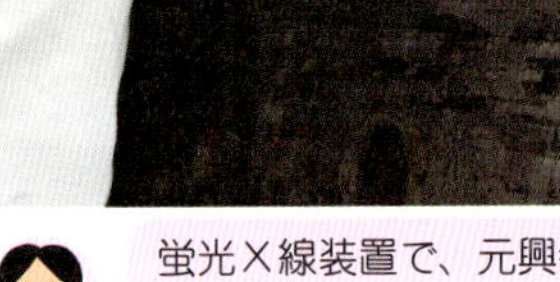

蛍光X線装置で、元興寺蔵の重要文化財である板絵智光曼荼羅を測定しています

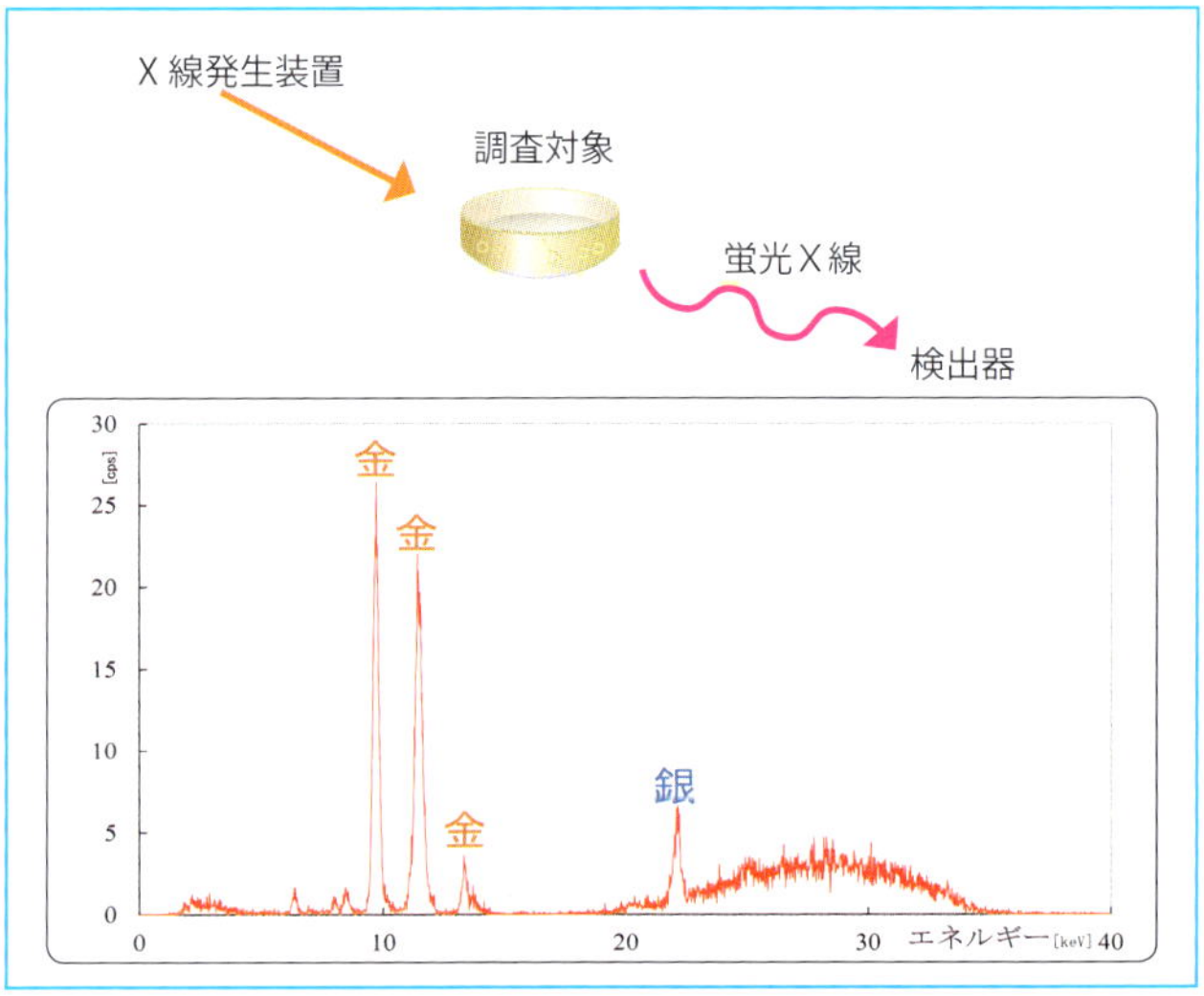

X線発生装置
調査対象
蛍光X線
検出器

金
金
金
銀
エネルギー [keV]

蛍光X線分析装置は、X線を受けた物質から出てくるX線（蛍光X線）が物質の元素ごとに決まった波長（エネルギー）をもつ原理を利用した分析装置です。蛍光X線の波長（エネルギー）は、上のようにコンピュータ上でスペクトルとして表示されます。

志望理由は？

なぜ保存科学者になったのか！

私は、大学院では金属錯体の物性を探求していましたが、培った技術を用いて、文化財に関わるしごとをしたいと考えていました。一般的には発掘（考古学）や職人（仏師・伝統技術士）の道がありますが、学芸員の授業で保存科学という

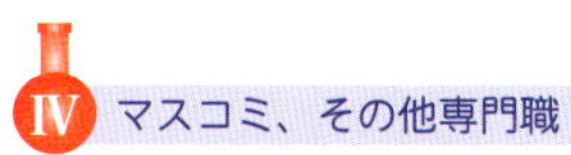

分野があることを知り、めざすことにしました。さまざまな文化財に対して幅広いアプローチが必要なことも、自分の気まぐれな性格に合っていたように思います。

やりがいは？ 緊張感もすごいけど！

分析を担当した文化財などについて、新たに判明したことがあると、やりがいを感じます。

ただし、**世界にひとつしかないものなど、貴重な資料を扱うため、しごとをするときの緊張感も半端ないです。**

自分の関係した文化財が博物館で展示されているのを探すのも楽しみです。

エジプト・ハルガオアシスの神殿遺構調査風景と、各地の食事です

オススメです！ 日本や世界の各地へ調査に！

日本全国の文化財を対象にしていることもあり、日本各地へ出張に行けます。海外へ調査に行くこともあります。もちろんしごとですので、観光地を巡るわけではありませんが、ご当地のおいしい（めずらしい？）ものが食べられますよ。

このしごとに就くには⁉

学芸員、危険物取扱者、X線作業主任者、文化財ＩＰＭコーディネータなど、関係する資格はありますが、就職に必須ではありません。また、文化財保存科学を専攻したから就職できるともかぎりません。募集があるかは時の運です。アルバイトやインターンシップを経て採用される人も多いと思います。通常の就職活動と同じで、情報収集と「なりたい気持ち」が大事です。

文化財の保存・修復は、文化財の展示・保管の黒子みたいなものです。さらに、保存科学は、その保存・修復の縁の下の力持ちです。脚光をあびることはありませんが、文化財を後世に残すために必要不可欠なしごとです。博物館で何気なく展示されている文化財にも、さまざまな人が関わっていることを感じてもらえればうれしいですね。

弁理士

福島芳隆（ふくしまよしたか）。岐阜大学大学院工学研究科修士課程を修了後、企業研究員、特許庁審査官、国際特許事務所弁理士、大学知財マネージャーを経験し、2016年福島綜合特許事務所開設。2018年神戸大学客員教授。

プロフィール

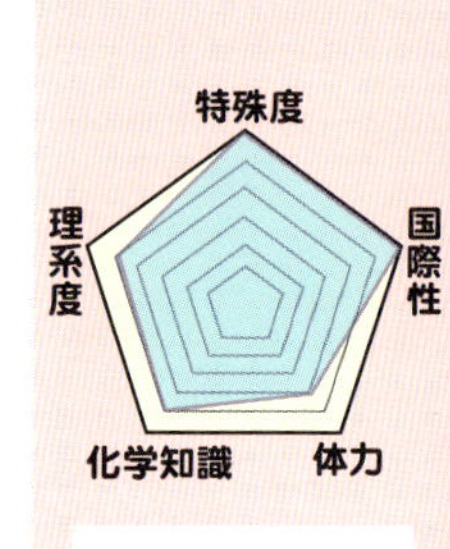

新しい技術・発明などをつくり出した企業や個人のために、アイデアを守ったり活かしたりするための法的手続をします。

何をしてる？ 企業や個人発明家の知的財産権を取得！

弁理士の「弁」は、弁護士の「弁」と漢字が同じで、しごと内容も少し似ています。弁護士は「人と正義」を守るのに対して、弁理士は「発明家と発明品」などを法律で守ります。

弁理士の主なしごとは、企業や個人発明家に代わって、新しい技術やブランドの「特許権」「商標権」といった知的財産権を取得するための特許庁への申請を代行することです。それによってモノマネされないようにしますが、モノマネされてしまった場合、訴訟手続をおこなったりもします。いわば、弁理士は、アイデアをもつ人の心強いパートナーです。

どんなしごと？ 特許庁への出願手続を代行！

弁理士は、①優れたアイデア（発明）、②デザイン（意匠）、③商品やサービスの名前やマーク（商標）を、特許権、意匠権、商標権などの形で権利化するために、**特許庁への出願手続、および、それらの権利を取消または無効とするための審**

判請求手続・異議申立て手続の代理業務をおこないます。

これらの知的財産権の申請先は、日本国内では特許庁です。申請の代行は、弁理士にのみ許されています（専権業務といいます）。

今の時代は、日本の企業も日本へ特許などを出願してきます。

外国への出願は、外国の代理人（弁理士、弁護士）に、外国語（英語など）に訳した書類を送り、手続きを任せます。

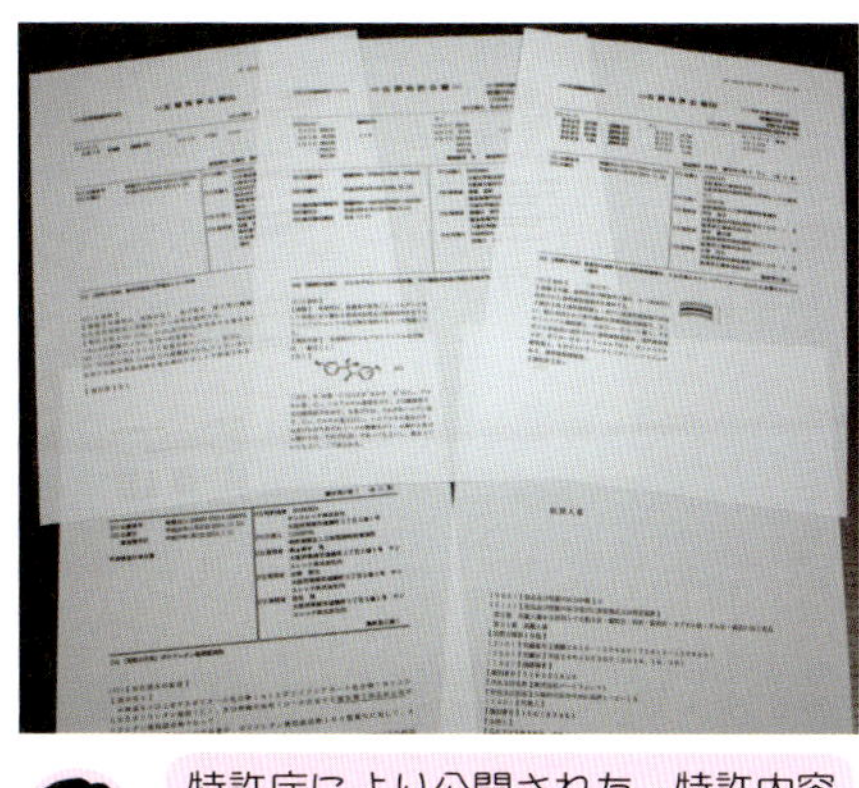

特許庁により公開された、特許内容を示す資料です

日本の企業が外国に特許などを出願し、外国

一方、外国企業による日本での出願では、日本の弁理士が、渡された英語の書類を和訳して、特許庁へ出願します。いずれの場合も、権利化まで、外国代理人とメールや電話を使って連絡をとり合いますので、英語力が必須です。今後は、中国語など他の外国語への対応も重要といわれています。

こうした主業務のほかにも、先行技術文献調査、企業での特許技術に関するコンサルティング、ベンチャー企業支援、訴訟代理、ライセンス契約交渉、仲裁手続きの代理など、活躍の舞台は確実に広がっています。

ある１日の様子

9:00	出所、メール確認
9:30	拒絶理由通知書に対する応答案作成
10:30	顧客とテレビ会議
12:30	午後の打合せ資料を確認・準備
13:00	企業の発明者来所、新規出願の打合せ
14:30	新規特許出願の明細書案の作成
16:00	特許庁審査官と電話
16:30	米国弁理士とメール
17:30	明日の出張（セミナー講師）の準備
18:00	帰所

ある一週間の様子

月曜日	午前は高知県の企業の発明者とテレビ会議。午後は、大阪の企業の発明者が来所され、発明相談。
火曜日	徳島県へ移動。月1回の顧問先企業訪問で発明相談。午後から、研究所の研究員に対して、研修をし、特許勉強会を開催。日帰りで大阪へ戻る。
水曜日	午前は特許新規出願明細書の作成。午後は、意見書と手続補正書を特許庁へインターネットで提出する準備。インドの企業の研究員と電話会議。
木曜日	午前は東京都の企業の発明者とテレビ会議。午後は、大阪の企業の発明者が来所され、発明相談。
金曜日	東京へ移動。「強い特許の取り方」というタイトルで4時間講演。日帰りで大阪へ戻る。

化学との関係

多くの専門分野のなかで有機合成を担当！

私の専門分野は、有機合成、農薬、医薬などです。化合物の置換基の種類やその性質（反応性、安定性など）まで研究者と同等の知識を必要とすることがあるため、有機合成の研究者でよかったと思うことがよくあります。日常的に、化学の特許や論文を読んだり、データベースを用いて検索したりしますので、化合物（物質）名、化学構造式、専門英語などにほぼ毎日接しています。

企業の特許顧問、大学の客員教授、研修講師もしているため、第一線の化学者とお会いしたり、学会に参加したりして、新しい化学に触れて、ワクワクすることも多いです。

化学以外にも、バイオ、電気、機械などの分野もあります。また、文系出身の弁理士は、主に意匠、商標、契約書作成などを担当されています。各弁理士には得意分野があり、化学分野のなかでさえも、低分子化合物、高分子化合物、無機化学、医薬、農薬、食品、化粧品、繊維など、**さまざまな分野の技術について、専門的に活躍することができます。**

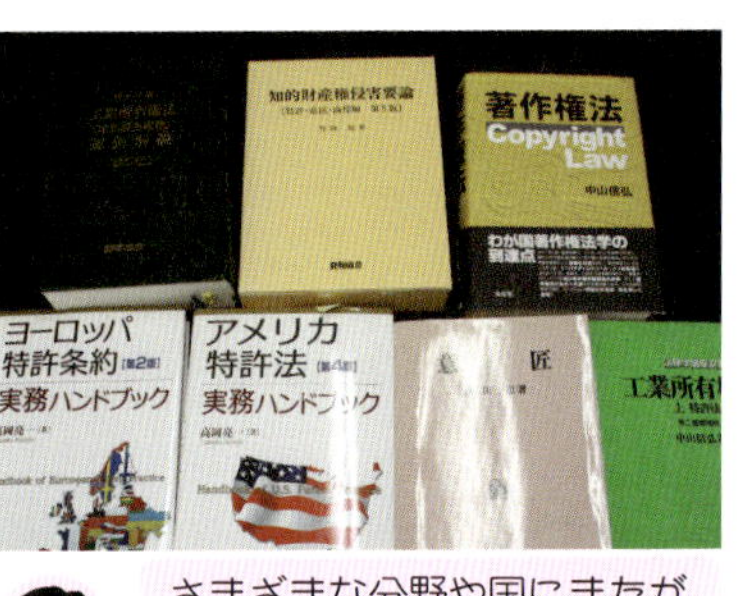

さまざまな分野や国にまたがるしごとがあります

志望理由は？

最難関の国家資格にチャレンジ！

大学では論文が重要でしたが、企業では、特許がとても身近な存在です。**先輩研究者に負けないよう特許を勉強しようと思ったのがきっかけです。**恥ずかしながら、企業に入るまで弁理士という言葉すら知りませんでした。

他社の特許を分析し、先行特許にふれない物質を探したり、アイデアを出したりしていましたが、企業によって、請求項（権利を主張する範囲）の記載が広かったり狭かったり、書き方がさまざまなことに気づき、何か深い意味や戦略があるのかを知りたくなりました。

また、弁理士は、理系（技術）と文系（法律）の両方の知識が必要で、最難関の国家資格であることから、挑戦したくなりました。**資格を取得すれば、将来、独立開業し、定年後も世の中の人のためにしごとができると考え、**弁理士のしごとを選びました。

やりがいは？

ドラマさながらの特許の力！

中小企業M社の特許出願をした際の話です。みなが権利化できないと思っていた案件で、予想どおり特許庁から「拒絶理由通知書」（出願された発明と似た発明を審査官が見つけ、特許にできない理由を通知してくる手紙）が届きました。しかし私は、元審査官の経験を活かし、M社の発明と先行発明との違いを見つけ、修正をしました。そして、審査官に適切に説明・反論したところ、幅広い権利が取得できました。

弁理士として当然のことをしただけなのですが、後日、そのM社の知財担当者から、このM社の特許範疇に含まれる製品を販売してしまっていたと大企業R社より連絡があったことを伺いました。そして、R社の知財部長らが、中小企業M社を訪問し、このまま何とか販売させてくださいとお願いしにきたそうです。M社にとってはとても重要な特許となり、まるでドラマ『下町ロケット』さながらです。**中小企業を大企業と対等にさせる特許の力を感じ、私も感動しました。**

出願に向けて打合せをします

オススメです！

高度な知識と経験を発揮できるおもしろさ！

ひとつの特許権や商標権が、企業や社会に大きなインパクトを与えることがあります。自分が代理人として特許化した商品が店頭に並んだり、雑誌やテレビCMで出たりしたら、自分の子どもにも自慢したくなります。

また、特許申請は、**いかに戦略的に権利を得るか、弁理士としての手腕、高度な知識と経験、さまざまなスキルを必要とします。**要求される知的レベルは非常に高く、とてもおもしろいしごとです。

事務所での１枚です

このしごとに就くには!?

以下のいずれかで弁理士資格を取得する必要があります。①弁理士試験に合格する。②司法試験に合格し、資格を得る（弁護士は登録手続すれば弁理士業務も担える）。③国家公務員試験に合格して特許庁へ就職し、審査官として通算7年以上経験を積むと試験免除。

ワンポイントアドバイス！

いろんなことに好奇心をもってください。理系の知識だけでなく、法律、ビジネス（経営）、お金（税金など）、外国語など、さまざまな知識、経験が必要となります。アンテナを張って、固定観念にとらわれず、積極的に行動してくださいね。

環境事業（下水道）

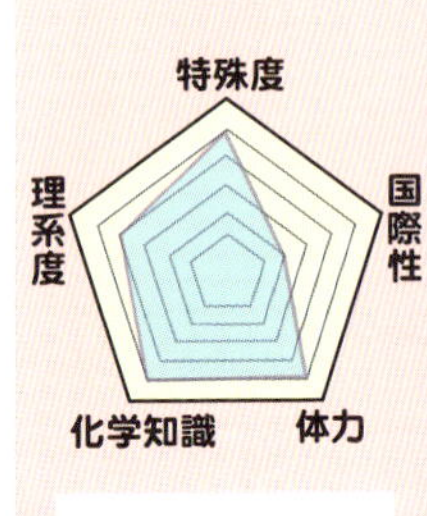

使用した水をきれいにして自然にかえせるよう、下水処理場の運転操作やさまざまな調査・実験をおこなうしごとです。

プロフィール
岡野内晃代（おかのうちてるよ）。神戸大学工学部応用化学科を卒業後、1998 年に神戸市役所に入庁。建設局下水道部に所属し、下水処理場の運転管理や水質調査のしごとをおこなっている。13 歳と 12 歳の 2 児の母。写真中央が私、左は上司、右は同僚です。

何をしてる？
汚れた水をきれいにして自然にかえす！

現代社会において、下水道は重要なライフラインのひとつです。具体的な役割としては次の四つがあります。「衛生的な生活環境をつくる」、「きれいな海や川の水質を守る」、「大雨から町を守る」、「下水道資源をリサイクルする」です。人間の生活に必要不可欠な水ですが、使うと汚れてしまいます。下水道のしごとでは、**汚れた水をきれいにして自然にかえすことで、多くの人が安心して水を飲め、多くの生物が棲める豊かな自然を守っています。**

どんなしごと？
水を浄化する微生物パワーを活用！

私のしごとは、下水処理場の運転管理です。自然界での水の浄化は、微生物の活動によりおこなわれています。**下水処理場でも同じように微生物の力を利用しており**、処理場では、効率的に処理できるようにたくさんの微生物を飼っています。

処理場全体の運転はシステム化されており、中央監視室から機械や電気設備を操作できますが、微生物は生き物であるため、季節や下水処理場に流れてくる下水の量や汚れ具合に影響を受けます。そこで、下水処理場から出て行く処理水質の分析をおこなったり、顕微鏡で微生物の状況をチェックしたりして、微生物の数や微生物に送っている空気の量などを調整していきます。これは、処理水質のできばえを決める大切なしごとです。

ある1日の様子

8:45	出勤、朝礼 処理状況確認、故障対応の説明
10:00	場内点検
11:30	水質測定結果の点検表作成
13:00	工事期間中の運転変更説明
14:00	新しい設備の効果確認調査
16:00	調査結果のまとめと報告書作成
17:30	退庁

下水処理場の消化タンク（地上約 20m）から見た、処理場全体と明石海峡大橋と淡路島です

ある一週間の様子

月曜日	午前は新設備の工事内容説明会に出席。午後は、工事完了後の運転方法確認のため現場調査。
火曜日	午前は、薬品会社との打合せで、処理場内で使う薬品の契約内容を確認。午後は、処理場内安全衛生の対策会議。
水曜日	午前は、小学校にて水の汚れに関する出前授業。午後は処理状況報告書の作成。
木曜日	午前は処理水質向上のための水質調査。午後は、処理場担当者が集まり問題解決に向けて議論する処理場会議。
金曜日	午前は、処理水を利用した池の水質と藻類の調査。午後は各種調査報告書作成。

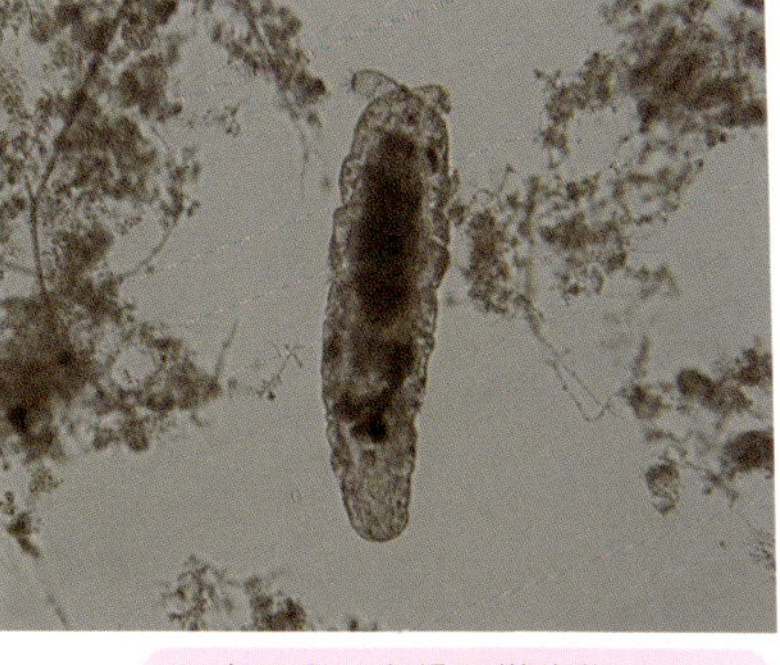

下水処理の主役は微生物です。写真は、地球最強の生物といわれている「クマムシ」です

また、下水も、昔は汚いものというイメージだけでしたが、最新の技術により、下水道から電気や熱、都市ガスなどを創ることができるようになりました。処理水を、池や街路樹の散水にも利用しています。**昔はゴミであった物を宝物に変えることができるのです。**そうした最新技術を実用化するための調査もおこなっています。

そのほか、**小学校で水の実験をして、未来の水環境を守るために今できることを考えてもらう広報活動もおこなっています。**

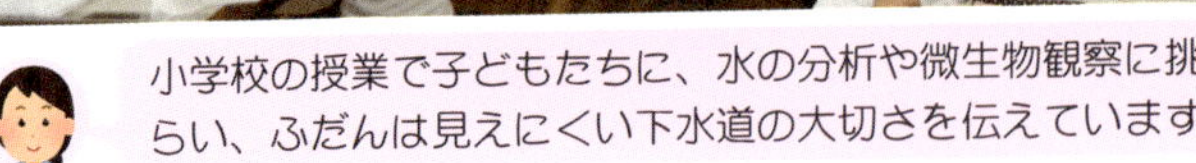

小学校の授業で子どもたちに、水の分析や微生物観察に挑戦してもらい、ふだんは見えにくい下水道の大切さを伝えています

化学との関係 下水処理水から燃料をつくることも！

下水処理水の水質分析や使用薬品の選定には、もちろん化学の知識が必要です。

そのほか、下水道資源のリサイクルには、新しい技術を取り入れる場合が多くあります。

たとえば、「うんちでバスが走る」と聞くとどう思います？ありえないと思うでしょうか。化学の授業で習った原理や法則を使い、そこに機械や電気の技術が加わると、なんと、**下水道から出てくるガスから純度の高いメタンガスを取り出すことができるのです。**取り出したガスはバスや発電機の燃料として利用します。

こうした夢のような設備が現実に動くようになるまでには、**化学の知識を用いてさまざまな実験や調査をおこないます。**その過程はわくわくドキドキです。

バイオガスをつくる設備です。下水処理で発生するガスを車の燃料や電気にかえてエネルギーにしています

志望理由は？ 水環境を守り化学知識も使えるしごと！

私は旅行が趣味で、水辺の風景を見ることが大好きでした。絶えず姿を変え、流れ続ける川や海の流れの一瞬が愛おしく、ずっと見ていられました。**下水道はそんな美しい水環境を守るための大切なしごとで、私たちの生活には必要不可欠なものだと思いました。**

また、このしごとでは、化学反応や微生物反応、エネルギー収支など、学生時代に学んだ化学の幅広い知識を使います。環境を守ることに役立ち、しかも今までの知識を生かすことができるので、このしごとを選びました。

やりがいは？ あたりまえだけど、なくてはならない！

「今日から水洗トイレを使わないでください」と言われたらどうします？ あたりまえに使っていたものがなくなると、今の生活が便利で衛生的であることに気づかされます。日常生活のなかで、使ったあとの水のゆくえを考えることは少ないでしょうが、**そのあとに続くしごとがあるからこそ、私たちの生活や美しい水環境が守られているのです。**

川や海で楽しそうに遊んでいる人の姿を見たり、広報活動で出会った人に「ありがとう」という言葉をかけてもらえたりすると、とてもうれしく、自分のしごとが誇らしくなります。

処理場内の池（処理水）に訪れた渡り鳥です。バードウォッチングに訪れる人も多いです

オススメです！ いろいろな職種の方と力を合わせて！

下水道の技術は、土木、建築、機械、電気など、いろいろな職種の方とともにつくり、守っています。しごとで多くの人からよい刺激を受け、成長していける職場環境ですよ。

このしごとに就くには!?

環境行政は、国家公務員や地方公務員のしごとです。とくに資格は必要ありませんが、公務員の採用試験を受ける必要があります。私の場合、一般教養と化学の専門試験を受験し、学校の勉強が役立ちましたよ。

大好きなことは、めいっぱい。嫌いなことも、ほんの少しは。いろいろなことにチャレンジしてください。どんな結果になっても、ムダになることはありません。明るい未来を夢見てがんばってくださいね。

コラム 化学のしごとを考えている若いあなたへ 

撮影：菅野和彦

白川英樹
（しらかわひでき）
1936年生まれ。東京工業大学大学院理工学研究科博士課程修了。工学博士。筑波大学名誉教授。2000年に「導電性ポリマーの発見と開発」によってノーベル化学賞を受賞。

今思えば、化学工学のしごとも魅力的だったかもしれない
――私が選んだ化学の進路を振り返って

みなさんは何がきっかけで化学に興味を抱いたでしょうか？私は、小学生から中学生のころ、母の手伝いでご飯炊きと風呂焚きをしました。長い時間がかかる風呂焚きでは、薪をくべて強火をたもつ合間に、学校で習った炎色反応を試したり、空になった注射のアンプルにマッチの軸や木の枝葉を詰め込んで乾留を試みたりするなど、いろいろないたずらを楽しみました。まさに、ファラデーの『ろうそくの科学』を実践することにより、化学への興味を深めたのです。

化学全般への興味は、しだいに高分子の合成に絞られました。その理由を、中学校の卒業記念文集で、10行足らずの小文「将来の希望」に記しました。戦後になって家庭でも広く使われるようになったポリ塩化ビニールが熱に弱いので、もし大学に入ったら高分子の研究をして、より欠点のない新しい高分子を合成したいと書いたのです。

ほかにも、植物の品種改良やエレクトロニクスなど、学びたかったこと、研究したかったことがいくつかありましたが、大学に入学して化学を学び、大学院に進んで、職業として教育・研究にたずさわることになりました。研究をするだけならば研究機関や企業に就職することもできたのですが、教育にも魅力を感じていたのです。

大学に入学して、将来に対する自分の視野が余りにも狭いと認識させられたことがありました。希望どおり化学工学科に進んで初めて、この学科には、私が選んだ「応用化学課程」のほかに、「化学工学課程」があることがわかったのです。化学工学は、反応装置の設計やその運用などの基礎を学ぶ、工学の一分野です。化学プラントや石油プラントなどでは、実験室で試験管やフラスコを使って試薬を合成するのとは桁違いの規模で化成品を製造します。そこでは、原料から最終生成物への化学反応やその速度、反応熱などの化学的要素に加えて、物質の流動や拡散に伴う輸送現象や伝熱といった物理的・工学的考慮も必要です。

昨今、化学工場や製油所、製鉄所などの夜景を海側から楽しむ工場夜景クルーズが盛んです。工場の反応塔や蒸留塔、これらを結ぶ無数の配管、そして、それらを照らすイルミネーションと排ガスを集めて燃やす炎などが生み出す夜景は、幻想的で迫力満点です。これらの化学プラントを設計し運用する仕事をする人のかなりの部分は、化学工学を学んだ人たちです。今になってみると、こちらの方が仕事として魅力的で、化学工学を選択することもできたのにと残念に思っています。

おわりに

化学って何かおもしろそうやな。もうちょっと化学を勉強してみようか。だけど、その先、僕には、私には、どんな将来が待っているんやろう。どんなふうに社会の役に立てるんやろうか。そもそも飯のタネになるんやろか。

資源のない日本ですが、物質や材料を扱う化学は、科学として、工業として、大きな花を咲かせてきました。みなさんの周りには、見えるところはもちろん、見えないところにも、化学の力で生まれた品々があふれています。その発展を支え、推進してきたのは何よりも「人」でした。本邦の7名のノーベル化学賞受賞者はもちろん、市井含め、沢山の人々の貢献の賜物です。そうすると、次の一〇〇年の化学を担っていただくべく、まず化学に興味をもってもらえる人を育て、松明を次世代に渡していくことが何よりも重要になります。そこで創立一〇〇周年を迎えた近畿化学協会の大きな使命として、化学に関わるさまざまな職業に従事している先輩のしごとを紹介することで、化学の方向へ進む将来像を具体的にイメージできる書籍の記念出版をめざしました。

出版にあたっては、一〇〇周年記念出版委員会のみなさんと侃々諤々の議論を一杯しました。そうやって30種類の職業を選び出して、近畿化学協会にご参画のみなさんにお願いして、各々のおしごとを執筆いただいた次第です。

この本は、これからの化学の担い手と期待するみなさんを対象としています。ところが、実は、すでに化学に従事している人にとっても、すべてを知っているわけではないですから、隣は何するものぞ、ということを知るよい内容が満載です。また、人事異動で部署が変わっても、「万事塞翁が馬」と思えるきっかけにしていただけるかもしれません。

結果として、手に取っていただいた、さまざまな読者のみなさまに楽しんでいただければ望外の喜びです。

最後になりますが、この場を借りて、執筆者、執筆者をご紹介いただいたみなさまに厚く御礼申し上げます。また、一〇〇周年記念出版委員会の今田泰嗣先生、川崎昭彦氏、平祐幸氏、中村収三氏、それに加えて、江口太郎会長、事務局から高橋政巳局長、浮田圭一朗氏、廣澤修次氏に加わっていただき、広範な課題について、多くの時間とお手数を割いていただきました。さらに、化学同人の後藤南氏のご尽力なくしては本書の出版はかないませんでした。皆々さまに深く感謝申し上げます。

やっぱり、化学って、むっちゃおもろいですよ。

（一般社団法人近畿化学協会 創立一〇〇周年記念出版委員長　西野 孝）